# 瞬间记忆术

[日]田边由香里 / 著　朱悦玮 / 译



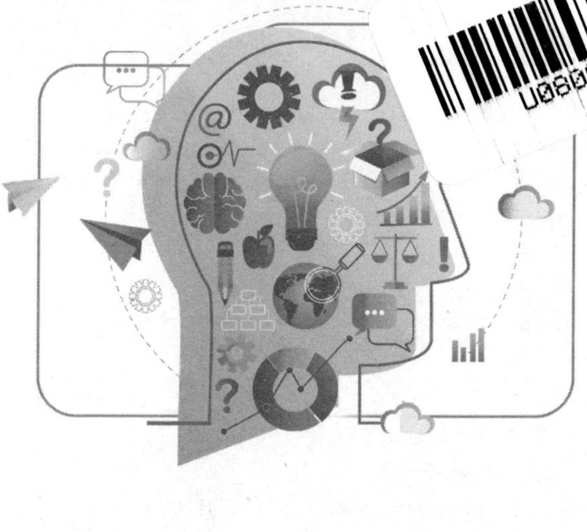

浙江人民出版社

**图书在版编目（CIP）数据**

瞬间记忆术 /（日）田边由香里著；朱悦玮译. —杭州：浙江人民出版社，2020.9

ISBN 978-7-213-09789-8

Ⅰ. ①瞬…　Ⅱ. ①田… ②朱…　Ⅲ. ①记忆术　Ⅳ. ①B842.3

中国版本图书馆CIP数据核字（2020）第123094号





## 瞬间记忆术

［日］田边由香里 著　朱悦玮 译

出版发行：浙江人民出版社（杭州市体育场路 347 号　邮编：310006）
市场部电话：（0571）85061682　85176516
责任编辑：钱　丛
特约编辑：赵　霞
营销编辑：陈雯怡　陈芊如
责任校对：陈　春
封面设计：红杉林
电脑制版：北京唐人佳悦文化传播有限公司
印　　刷：杭州丰源印刷有限公司
开　　本：787 毫米 ×1092 毫米　1/32　　印　　张：5.5
字　　数：67 千字
版　　次：2020 年 9 月第 1 版　　印　　次：2020 年 9 月第 1 次印刷
书　　号：ISBN 978-7-213-09789-8
定　　价：48.00 元

# 前　言

大家好！感谢你能阅读本书。

本书能和你见面是我的荣幸。

首先，能被本书的书名吸引，就表示你的人生必将变得更好！因为，你一定是个好奇心旺盛，且希望自己的人生能够越来越好的人。

光是猜测大家阅读本书时的心情，我就已经非常激动了！

可能也有人阅读本书的目的更单纯。因为马上就要考试了，所以想要提高自己的分数，或者面对复杂的工作，想要提高自己的工作能力。

只需要 3 天就能让脑筋变得更好？试一试吧！这种想法和行动，正是打开人生大门的钥匙。

你要承认在这个世界上还有很多未知的领域，并且敢于积极地尝试和挑战。本书就是给因“记不住东西”而烦恼的读者量身定做的方法之书。

“上学的时候再努力一点就好了。”

“工作总是不能取得理想的成果。”

“我连别人的名字都记不住！”

“考试总是考不到理想的分数……”

“我的人生不应该是这样的！”

你可能觉得这些失败的经历，将来总有一天会给自己带来成功。

但与其等待那个不知何时到来的时机，不如锻炼自己的大脑，让自己的人生逆袭！

人类的大脑和动物的大脑不一样，人类大脑的前额皮层十分发达。这部分也被称为“想变得更好的大脑”。不管现在处于怎样的状态，仍然不断地思考如何去实现更加美好的人生，这是只有人类的大脑才能做到的事情。但也正因为这个部位，我们才会对过去感到后悔，对未来抱有不安和烦恼。

人类的大脑也有自己的习性。只要掌握了大脑的习性并且加以利用，你将会变得豁然开朗。

衷心地希望本书能够帮助你打开通往充满无限可能的人生的大门。

# 目 录

第一章

**为什么我脑筋不好**

## 第二章

## 让脑筋变得更好的前提知识



## 第三章

## 提高记忆力的大脑训练：改变思考方法

## 第四章
## 提高记忆力的大脑训练：学习技巧

## 第五章

## 提高记忆力的大脑训练：实现梦想的行动

# 第一章
# 为什么我脑筋不好

## ◎ 你什么时候感觉自己脑筋不好

你有感觉自己脑筋不好的时候吗？

刚出生的婴儿拼尽全身力气发出哭声，他们根本不会有自己脑筋不好的烦恼。那么，我们究竟是从什么时候开始产生脑筋不好的感觉的呢？

可能是小学四年级，数学题的难度飙升的时候，因为算不出答案被父亲大骂一通。

可能是和朋友发生争执，无意间的一句话伤害到对方的时候。

可能是忽然有一天被朋友欺负，自己却不知道原因的时候。

可能是在体育比赛中因为自己的失误导致失败的时候。

可能是记不住英语单词和历史年表的时候。

可能是考试复习不顺利，完全写不出答案的时候。

可能是和周围的人作对比，感觉自己已经达到极限的时候。

可能是应聘失败的时候。

可能是职场的同事都表现得优秀，只有自己笨手笨脚的时候。

可能是自己创业却发现事事都不顺利的时候。

可能是被信任的伙伴背叛的时候。

可能是曾经拼命追求的目标，某一天忽然失去了所有的意义，对自己的选择感到后悔的时候。

不管怎样，在这样的时候，我们或多或少都会产生“自己脑筋不好”的想法吧。一切顺利的时候完全不会出现的想法，在不顺利的时候就会像“亡灵”一样突然出现，对我们发出冷酷的嘲笑。

一旦我们产生“自己脑筋不好”的想法，就会在无意识中回避新的挑战，对自己的人生妥协，为了不让自己受到伤害而变得愈发圆滑。

没错，这些都是在无意识中完成的。“自己的脑袋可能不怎么灵光”的想法就这样堂而皇之地占据了我们的大脑，却连一声招呼都没跟我们打。这个像魔鬼一样的想法真的有必要存在吗？请仔细想一想吧。

拿起这本书的读者，大概是希望自己“脑筋变得更聪明”吧。而之所以会有这种想法，很可能是因为你的大脑已经被“自己脑筋不好”这个“恶魔”占据了。

你是在什么时候产生这种想法的呢？

或许你从小就在一片赞扬声中长大，并以优异的成绩考入重点学校，但等你入学之后却发现，周围的同学都是和你一样甚至比你更优秀的人，于是你不禁开始怀疑，“难道自己并不像别人说的那样聪明”，结果自尊心受到严重的伤害。

或者你没能考入自己的第一志愿学校，只能进入第二、三志愿学校就读。心中愤愤不平地想，“我明明从小就被称为‘神童’……为什么会这样?”

当自己受到这样的打击之后，为了不暴露自卑心理，我们会将这些回忆隐藏在内心的最深处。

虽然这对自己来说是非常痛苦的回忆，但如果你能鼓起勇气，将曾经的那些失败经历从心底“掏”出来，并认真地面对它们，你就会发现其实根本没有什么大不了的，完全是自己想太多，这样你以后就不会再有自卑的感觉了。

但可能有人会说，“即便如此，我还是觉得自己脑筋不好，这该怎么办呢?”

请不要担心，其实这些负面情绪，也是引导我们走向更加美好的人生的契机。

## ◎ 脑筋好的人是什么样的

脑筋好的人究竟是什么样的呢？脑筋好的定义是什么？接下来就让我们一起分析一下。

### 1. 学习成绩优异、学历高的人

这应该是最好理解的客观标准了。考试分数高或者在知名学府就读，说明这个人的脑筋可能很好。

### 2. 天资聪颖、头脑灵活的人

学历虽然不高，但天资聪颖，最终取得成功的人。比如经营之神松下幸之助、发明家托马斯·爱迪生，他们连小学都没毕业。

### 3. 逻辑思维能力强的人

数学家藤原正彦在其著作《国家的品格》中这样说道："只要逻辑上说得通，不管事后想来多么可怕的事情，在当时人们都会接受。”逻辑思维能力强的人脑筋也会很好。

**4. 语言表达能力强且有幽默感的人**

搞笑艺人就是其中的代表。他们能从很普通的地方找出笑点并表达出来，这样的人脑筋都很好。

**5. 拥有准确的判断力和应对能力的人**

面对突发事件和灾害时，能够冷静地判断状况，瞬间找出应对策略的人脑筋都很好。

**6. 拥有优秀的记忆力和丰富知识的人**

像百科全书一样拥有丰富的知识，而且能够用最合适的方法表达出来。

**7. 工作和计算既准确又迅速的人**

有的人工作起来干净利落、有条不紊，有的人心算既快又准，有的人预判能力超强。这几种人脑筋都很好。

**8. 能够自主思考的人**

思路有条理，知道并坚守自己的底线，不会

被他人影响的人脑筋都很好。有时，从房间的状态就能看出一个人是否思维混乱。

9. 拥有大局观的人

与只见树木不见森林正好相反，拥有大局观的人往往能够站在更高处俯瞰整体，这样的人脑筋很好。

10. 能够理解对方心情的人

每个人思考和看待事物的方法都不一样。能够站在对方的立场上思考的人脑筋都很好。

11. 能够让他人帮助自己的人

如果事事都以自己为中心，不可能得到他人的帮助，只有能够把握对方心理的人才能让别人帮助自己，这样的人脑筋都很好。

12. 视野广阔的人

对许多事情都抱有兴趣，遇到问题就不会陷入思维停滞的困境。

13. 拥有丰富的想象力、总是能想出好创意的人

想象力就是发明力。拥有原创的能力，创意

就不会枯竭。

除了上述内容之外可能对脑筋好的人还有其他定义，但就上述这些内容而言，你有没有觉得是自己欠缺的呢？

## ◎ 为什么希望脑筋变得更好

请大家思考这些问题：

为什么希望脑筋变得更好？

头脑聪明究竟有什么好处？

不会被人当成傻瓜？

会对自己更有自信？

能获得理想的人生？

能去追求梦想？

能变得更富有？

能得到家人的认可？

能受欢迎？

如果你头脑真的变得非常聪明，你最想做的事情是什么？

如果你发现自己其实并不笨，实际上非常聪明的话，你会怎么做？

或许有人会说，“怎么可能有那种事？”但我可以用亲身经历告诉你，确实有这样的事情。

我身为 Active Brain（活力大脑）项目的讲师，传授的就是正确使用大脑的方法，帮助学员提升记忆力。

通过为期 3 天的集中训练，99.9% 的参加者的记忆力都能得到飞跃性的提升，可以说这是一个具有划时代意义的项目。截至 2019 年，接受培训的学员数量已经超过 8 万人次，在全国范围内的讲师数量也超过了 130 人。

6 次参加日本记忆力大赛并 6 次夺冠，且在伦敦举办的世界记忆力大赛上获得记忆力特级大师称号的池田义博就是在接受了 Active Brain 项目培训后被激发出潜能的人之一。

参加这个项目的人从小学五年级学生到88岁高龄的老人都有，社会地位也各不相同，其中还包括许多明星和名人，可以说是面向全人类的项目。

很多参加这个项目的人，一开始都是在别人的推荐下，抱着半信半疑的态度来的。但经过第一天的基础培训，其大脑的潜能得到开发之后，从第二天开始大家就对培训充满期待了。到第三天的进阶培训结束之后，所有人都感觉自己充满了无限的可能性。听我这么说，可能会让人感觉难以置信，但这是千真万确的事实。

正所谓百闻不如一见，接下来让我们看一下实际培训项目的内容。

现在，我站在Active Brain项目讲师的立场上来说，脑筋不好的人是不存在的。

所谓的脑筋不好的人，实际上都是“不知道大脑正确使用方法”的人。我们在学校学习知识，但从来没学过大脑的使用方法，也没有任何一位老师教过我们大脑的正确使用方法。随着脑科学研究的不断发展，只要稍微调查一些相关的资料，就可以高效地激发出我们大脑之中的潜能。

关键在于“你为什么希望脑筋变得更好”。如果不能回答这个问题，那么好不容易激发出大脑的潜能，也无法充分利用，这岂不是非常可惜？

每个人的理由可能都不一样。请认真思考这个问题后，给出最真实的回答。

“我之所以想要脑筋变得更好，是为了‘让自己孩子的成绩得到提高’，而且我孩子的成绩确实迅速地提升了。

“究竟提升了多少呢？我的孩子在半年的时间里，将四谷大塚的中学考试偏差值[①]提高了 22 个点，并且在中学入学考试中大获全胜。与 Active Brain 的邂逅对我来说真是太幸运了。”

---

① 偏差值是指日本人对于学生智能、学力的一项计算公式值，偏差值 =50+10×（个人成绩 - 平均值）/ 标准差。

以上是一位母亲的话，诸位又是为了什么而希望脑筋变得更好呢？

## ◎ 丰富大脑的知识储备才能想出好的创意

现在我们迎来了令和时代，社会进化的速度超乎我们的想象。

在当今时代，能跟上进化速度的人和故步自封的人，只需短短几年的时间就会产生巨大的差距。

当这一天到来的时候，这两种人就会生活在两个完全不同的世界。比如能够利用 AI（人工智能）的一方和不能利用 AI 的一方，这两者的视野是完全不同的。

从今往后，真正“头脑聪明”的人是能够灵活应对时代发展和变化，并且不断使自己进化的人，也就是能够实现破茧成蝶的华丽变化的人。

我比较喜欢自己做料理，只要冰箱里有食

材，我就可以做出许多美味的料理。但是孩子长大了，经常不在家，全家人一起吃饭的机会就越来越少，于是我亲自下厨的次数也越来越少。

在这样的情况下，储备太多食材会造成浪费，结果渐渐地，我家的冰箱里就只剩下鸡蛋了。

有时候不管我在冰箱里怎么找，也只能找到鸡蛋。不管我多么擅长做料理，但如果只有鸡蛋的话也着实无能为力。正所谓“巧媳妇难为无米之炊”。

每当这时我就会感叹，要是在冰箱里多准备一些蔬菜的话，我就能做出丰盛的料理了。

人类的大脑也一样，如果大脑里没有一定程度的知识和信息储备，就想不出什么创意，因为其实创意就是知识和信息的组合。

当然，现在只要在电脑上输入关键字一搜索，屏幕上就会出现很多相关的信息，非常方便，我们似乎已经不再需要记忆任何东西了。

但事实上，如果我们的大脑里没有相应的基础知识，面对屏幕上显示出来的大量信息，也只能单纯地浏览，这些信息无法给我们提供任何帮助。

就好像小学生看报纸，虽然上面的每一个字都认识，但对其内容却完全理解不了。

如果对社会没有一定程度的了解，就会连报纸都看不明白。因为人类的大脑只能处理已知的信息。当大脑里存在了某种信息之后，接下来才能以此为基础处理相关的信息。

我们之所以能够在信息的海洋里遨游，正是因为我们的大脑里储存了一定程度的信息。

## ◎ 是真的脑筋不好还是不知道使用方法

你真的是脑筋不好吗？

实际上我们以为的脑筋不好，可能只是“不知道大脑的使用方法”而已，这就像没有阅读说明书便直接开始操作一台非常精密的仪器一样。聪明的人会在使用的过程中摸索出正确的操作方法，还有人会模仿别人的操作方法，让自己得心应手。

但是对于那些认为自己脑筋不好，且从没有接受过正确使用大脑方法教育的人，这本书或许会派上用场。

让脑筋变好的关键在于三点：思考方法；技巧；行动。

Mind 指的是思考方法。不同的思考方法，会导致大家对一件事产生不同的看法。

即便是同样的事物，不同的人可能会有不同的理解，每个人的大脑都像一个特别的滤镜。同样的事实在不同的滤镜下会被染上不同的颜色，这就是所谓的“有色眼镜”。在有红色滤镜的人眼中，世界就是红色的；在有蓝色滤镜的人眼中，世界就是蓝色的；在有玫瑰色滤镜的人眼中，世界就是玫瑰色的。只有当我们将滤镜从大脑中去除的时候，我们才能看到世界真正的颜色。

准确认知事实的能力被称为“超认知力”，也就是客观地认识自己的能力。在电影《黑客帝国》中，主人公尼奥觉醒的情节，大家还记得吗？

现实世界中的人都在维持生命的“设备”中沉睡着。人类反抗组织的船长墨菲斯让尼奥作出选择，如果想知道真相就吃下红色的药丸，如果想继续现在的生活就吃下蓝色的药丸，而尼奥毫不犹豫地选择了红色的药丸。

在红色的药丸里，有能够找到现实世界中尼奥所处位置的追踪程序，尼奥醒来之后发现自己浑身插满管子，躺在一个装满培养液的容器之中。尼奥拔掉了插在身上的管子，以虚拟世界救世主的身份展开了战斗。

自信能够带来巨大的力量。“如果你觉得自己感觉到的、闻到的、尝到的、看到的就是‘现实’的话，那么现实就只是你大脑发出的单纯的电子信号罢了。”

这是电影中墨菲斯对尼奥说的一句著名台词。或许我们也像电影中的人一样，大脑处于“缸中脑”的状态。而思考方法可以让我们自主思考，自己掌握自己的人生。

第二个关键是技巧。比如在《黑客帝国》的世界里，通过将中国功夫安装进大脑，就可以与敌人战斗，如果没有技术就没有办法战斗，这也使用了大脑的根本原理。

最后是行动。在确定了思考的方向，并掌握了技术之后，接下来就要开始行动。如果只是用大脑思考的话，现实世界就不会发生任何改变，而当我们行动起来之后，未来就会随之发生改变。

只有能够从现在开始开创未来的人，才能亲手摘下象征幸运的四叶草。

# 第二章
# 让脑筋变得更好的前提知识

## ◎ 了解“自己的类型”

人在成长的过程中，会不断地遇到问题和课题。

如果你感觉现在没有遇到任何问题和课题，那才是最大的问题，因为这说明你现在可能没有成长。

问题能够将负数变成零。

如果是在学校学习的话，问题的意义就是“将不及格的分数变为及格”。

如果用身体健康来说的话，问题的意义就是“治疗蛀牙”“戴眼镜矫正视力”或者“做手术切除息肉”。

如果是在家里的话，问题的意义就是“将凌乱的房间整理干净”。

如果是运动的话，问题的意义就是“让不会游泳的人学会游泳”。

而课题则是将零变成正数。

如果是在学校学习的话，课题的意义就是“将取得 90 分的科目的成绩变成 100 分”。

如果拿身体健康来说的话，课题的意义就是“矫正牙齿并美白”或者“锻炼肌肉使体形更加健美”。

如果是在家里的话，课题的意义就是“将整理干净的房间装饰得更加漂亮”。

对现在的状态不满意，希望改变现状，采取从负数到零的行动，这是需要解决问题的状态。

对现在的状态没什么不满，但希望变得更好，采取从零到正数的行动，这是需要解决课题的状态。

你属于哪一种类型呢？

人类在20岁之前身体一直在生长，当身体的生长放缓之后，心灵的成长将伴随我们一生。

但有的人虽然身体生长了，心灵却没有相应地成长，这样的人可能大多是因为童年时代没有享受到真正意义的童年生活。要是世界上全都是这样的人，对真正的儿童来说恐怕是一场噩梦。为了让孩子们能够拥有“正常”的人生，身为成年人应该表现得更加成熟，如果我们都能成为孩子们的榜样，那么孩子们一定能够拥有光明的未来。

大脑就像一头暴躁的公牛，要想将其控制住，必须拥有熟练的技巧才行。只要让大脑均衡地成长，就能使自己成为一个成熟的大人。

请回答下面的问题，开始自我发现之旅吧。

A 类问题：

你讨厌变化吗？

你会关注事物不好的一面吗？

你认为自己脑筋不好吗？

你认为大脑的好坏和遗传有关吗？

你认为自己的固定观念强吗？

你常说“必须……”吗？

你想过出生在其他的地方吗？

你认为身边的人像傻瓜吗？

你经常感觉周围的环境对自己人生有负面影响吗？

你需要很长时间才能从消沉的情绪中走出来吗？

你经常因为感情问题困扰吗？

你经常忘记事情吗？

B 类问题：

你需要写下来才能记住东西吗？

你需要读很多遍才能记住东西吗？

你依赖文字信息吗？

你有阅读障碍吗？

你认为自己缺乏创意吗？

你是否只有三分钟热度？

你经常迟到吗？

你认为记忆是有技巧的吗？

你曾经考试不及格吗？

你认为自己效率不高吗？

你急于快速解决问题吗？

你做任何事都小心翼翼的吗？

C 类问题：

你有想要实现的梦想或达到的目标吗？

别人给你提出建议的时候你会立刻回应吗？

你属于摸着石头过河的类型吗？

你认为自己是完美主义者吗？

你害怕失败吗？

你希望一下子取得结果吗?

对于手机弹出的通知你会置之不理吗?

你经常不及时回电子邮件吗?

你有“真麻烦”的口头禅吗?

你容易陷入非黑即白的极端思考吗?

你会因为一次失败就否定一切吗?

你有想尝试的事情吗?

上述问题回答完毕之后，请计算一下上述问题A、B、C中回答“是”的数量，哪种类型中回答“是”的数量最多你就属于哪一种类型。

## ◎ A类型：改变思考方法，改变看待事物的方法

属于A类型的人，可以通过改变看待事物的方法，使自己的人生发生改变。

请试着对自己坚持的事实提出疑问。

“这是真的吗？”

“为什么我会这样想？”

“有没有例外的场合？”

“这种想法会使自己感到开心吗？”

“我真正的想法是什么？”

“怎样选择才能让所有人都满意？”

“这件事在旁人的眼中是怎样的？”

这是站在不同的角度观察事物的练习。

通过改变观察事物的角度，我们对事物的看法也会发生改变。

请看下面这个例子。

某位女性在机场买了一杯咖啡和一袋曲奇饼干，然后想找个位置坐下来。但机场里的人很多，座位几乎都被坐满了，于是她只能坐在唯一的空位上。

结果，坐在她旁边的一位打扮得很商务的男士，竟然一边看报纸一边若无其事地吃起了她的曲奇饼干。

这位女性默默地瞪了那位男士一眼，也开始吃自己的曲奇饼干。

没想到那位男士竟然对她微微一笑，然后继续若无其事地吃她的曲奇饼干。

女性又瞪了那位男士一眼，继续吃自己的曲奇饼干。

就这样饼干被一个一个吃掉，只剩下最后一个的时候，女性的愤怒已经到了爆发的临界点。

男士见女性很生气的样子，将最后一块饼干掰成两半，自己吃了一半，将另一半递给女性。

深受打击的女性带着沉重的心情上了飞机。可是当她坐在飞机上打开自己的手提包时，发现包里有一袋未开封的饼干。

原来擅自吃掉别人饼干的人并不是那位男士，而是自己！

这是《读者文摘》上一个非常有名的故事。

在这位女性的眼中，世界究竟是什么样的呢?

最初，她肯定认为那位男士是擅自吃掉自己曲奇的“怪人”。但当她意识到是自己搞错了的一瞬间，那位男士就会变成“善良又亲切的绅士”。

只有一瞬间，一瞬间，世界就发生了变化。

她自己又有怎样的变化呢?最初，她是在机场遭遇怪人的“可怜女性”。但当她意识到是自己搞错了的一瞬间，她就变成了擅自吃掉别人曲奇，还用眼睛瞪对方的“怪女人”，她的愤怒早已烟消云散，取而代之的是想要钻到地缝里面去的羞耻感。

这样的事情在我们的日常生活中也很常见。有时候我们坚信自己是绝对正确的，但实际上很有可能是因为我们欠缺了某种信息。不同的信息可以使解释发生翻天覆地的改变，就连平时被我们看作“常识”的东西，也可能随着时间、地点甚至立场的改变而发生改变。

我与丈夫在新加坡生活了大约5年，在新加坡生活的日本人有一个可以匿名发言的论坛，我在这个论坛上看到了这样一件事情。

某位女性邀请朋友来自己家里做客。

这位女性家的茶几上摆着一个非常漂亮的玻璃制的糖罐，里面装着糖果。

前来做客的朋友中，有一个人看到茶几上的糖罐后，一边说着“好漂亮”一边拿出里面的糖果吃了起来。

看到这个情景，女主人心想，“竟然没经主人允许就随便拿别人家的东西吃，真是没教养！”还把这件事发到论坛上问：“大家不这么认为吗？”

结果论坛上的意见分为截然两派。

一种是赞成派。“真是没教养的人，从未经允许就擅自吃糖果这点上就能看出来”，“我的家教就很好，所以我希望和有教养的人做朋友，对这种擅自吃别人家东西的人最好敬而远之”。

另一种是反对派。“如果不想给别人吃就不要放在明面儿上啊”，“邀请朋友来家里做客，还把不想给人家吃的糖果放在茶几上，这是什么新型陷阱吗”，“真可怕！下次我看见糖罐一定记得不能吃”。

有时我也会和朋友们聊到论坛上的这件事情，还会互相询问“你属于哪一派”。如果只在一个地方生活过，可能就会把当地的常识当成全世界通用的常识。

大家小时候是否说过类似这样的话：“因为大家都有，所以也给我买一个吧。”

如今，随着社交网络的发展，我们能够接触到世界上各种各样的人的价值观，因此能够将其他人的价值观与自己的价值观和信念进行对比。

总而言之，人类的价值观多种多样，而且每一种在逻辑上“对自己来说”都是完全正确的。

如何思考是个人的自由，但站在更高的视角

上审视这种思考方法究竟对自己有益还是有害，是打破自己思维框架的绝佳方法。

## ◎ B 类型：学习技巧，加快进化的速度

B 类型的人通过掌握正确的方法和技巧可以极大地提高自己进化的速度。我们的身体会随着年龄的增长而成长，同样，我们的大脑也会随着年龄的增长发生变化。

比如小学低年级的学生可以轻松地记住乘法口诀，但要让成年人的大脑来完成这项作业的话可就没那么容易了。因为小孩子的大脑最擅长机械记忆，也就是所谓的“死记硬背”。我们之所以能够轻松地掌握母语，就是因为幼年时期的大脑所拥有的这种力量。

那么，当长大成人之后，大脑机械记忆的能力下降会导致记忆力衰退吗？关于这一点，你也大可不必担心。

虽然成年人机械记忆的能力下降了，但对意义相关性的理解速度却随着学习量的增加而大幅提高了。

由于大脑发生了这样的变化，所以，如果继续沿用小时候的记忆方法，可能就会导致效率降低。

“小时候都是边写边记，如果不写出来的话就记不住。”

“我从小就不擅长死记硬背，长大了岂不是更做不到。”

请不要有这样的想法！不管到多少岁，只要给予我们的大脑适当的刺激，它们就会苏醒。

我在进行 Active Brain 项目讲座的时候，经常会遇到为此苦恼的人。这些人有一个共同点，那就是他们一直坚持过去的做法。

通过拼命地书写来加深记忆，比如为了记住

100个英语单词，在笔记本上不断地写。虽然我对这种努力的态度深表敬佩，但由于他们采用了错误的方法，导致这些努力可能最终事倍功半。

当然，如果通过书写能够加深记忆的话，那采用这种方法也无可厚非，但如果感觉这种方法效果不佳，就要及时地改变方法。改变方法之后，或许你会恍然大悟，“竟然还有这种方法。”

但也有一些人，明明能做到，却还是说“我做不到”，不知道这样贬低自己究竟有什么好处。

哪怕在考试中取得了满分，却仍然对此难以置信。

甲：“不可能！”

乙：“你做到了啊。”

甲：“但我可能很快就会忘记的。”

乙：“可是你现在记住了啊。”

甲：“即便如此，我可能还是会忘记。”

乙：“忘记的话再记住不就好了吗？”

甲："但我还是不放心啊……"

这段对话虽然看起来荒唐，但有的人无论如何都不愿承认自己"做到了"，这一点实在是让人感觉非常不可思议。

或许这样的人有过非常痛苦的回忆吧。因为他们的"记忆力太好"，所以对过去的痛苦都记得一清二楚，哪怕自己真的取得了成功，也会被过去的回忆挡在成功的大门之外。这样的人可能是真的希望自己的脑筋能够变得更好，所以要先证明自己的脑筋非常不好。

在减肥讲座上也经常能见到类似的情况。

有一个叫作 Active Diet（直译为积极饮食）的利用大脑的力量实现轻松减肥的讲座。讲师会记录每一位参加者第一天说过的话，之后在讲座结束后交给本人看，每个人都会对自己的变化大吃一惊。

最初，每个人都在努力地证明自己尝试了许多方法也无法瘦下来的事实。当讲师询问"有多少人是想要变瘦才来的”时，所有人都毫不犹豫地举起手来，但当讲师询问“有多少人决定一定要瘦下来”时，很多人都犹豫了起来。

要想掌握技巧，关键在于承认自己的大脑中还有没被充分利用的部分，理解自己并非“做不到”而是“还没习惯”，然后在不断地尝试中努力向前。

不管做什么事，只要找到正确的方法都能事半功倍。

如果你来到一个无人的荒岛，为了生存下去，难道你要空手挖洞穴、砍树木吗？请合理地利用工具来建造一个漂亮的房子吧。只要掌握了方法，成长的速度一定会大幅提高。

### ◎ C类型：实现梦想的行动，迈出第一步的勇气

C类型的人既拥有思考方法也拥有技巧，只

需要采取行动即可。请鼓起勇气，迈出第一步，打开眼前的大门吧。

如果是只剩下几周的生命，他的身体不能自由活动，可能甚至连自由行走都做不到，每天几乎都处于昏睡状态，大脑也会越来越混沌。

当人生即将走到尽头之时，人们都对什么事情感到后悔呢？大津秀一在自己的书中列举了以下 10 种情况。

1. 没有对爱的人说“谢谢你”。
2. 没有做自己想做的事。
3. 没有留下自己曾经来到这个世界上的证明。
4. 没有吃过真正美味的食物。
5. 没有去想去的地方旅行。
6. 没有见到想见的人。
7. 没有孩子。
8. 只顾着工作没有时间发展自己的兴趣爱好。
9. 一生都为情所困。

10. 没有重视自己的身体健康。

你有没有发现，与做了感觉后悔相比，因为没做而感到后悔的事情占了绝大多数。

圣雄甘地曾经说过这样的话。

Live as if you were to die tomorrow.

Learn as if you were to live forever.

珍惜生活，就像死神即将来临。

热爱学习，就像生命能够永恒。

每个人的生命都是有限的。

早晨能够醒来。

眼睛能看到东西。

耳朵能听见声音。

鼻子能闻到气味。

舌头能品尝到食物的美味。

身体能够自由活动。

身体没有任何不适的感觉。

这一切并非都是理所当然的，很可能某一天就会突然消失。

或许某一天早晨我们无法醒来。

或许我们的眼睛再也看不到任何东西。

或许我们的耳朵再也听不到任何声音。

或许我们的鼻子无法自由地呼吸。

或许我们的舌头再也品尝不出食物的美味。

或许我们的身体再也不能自由地活动。

身体稍微有一点不适都会使我们的心情蒙上阴影。

我们现在的生命可以说是奇迹的延续，正因为生命有限，我们才应该珍惜每一分、每一秒，重视人生的选择。

前几天晚上我去了一趟澡堂。

虽然说是澡堂，但里面的设施相当豪华，还配有美体沙龙，应该叫洗浴中心更加合适。

我心想，好不容易来一次，不如做个香薰理疗吧，于是就点了 40 分钟的按摩服务。

来给我按摩的是一位比我年纪稍大的女性。虽然我本打算好好地放松一下，但这位大姐一个劲地与我聊天，聊工作、聊健康、聊兴趣。我的睡意被她彻底搅没了，于是只好听她倾诉，偶尔还随声附和几句。

“这人一过了 50 岁啊，工作也不好找了，接下来要干什么也不知道。很多像我这个年纪的客人也跟我一样，找不到合适的工作呢。”

如果是在以前，人生只有 50 年时间的时代，这还说得过去，但现在已经是人生 100 年的时代了。时代不同了，如果能活 100 岁的话，50 岁时，人生才刚刚过了一半而已。“现在不管做什么都太迟了”，如果有这样的想法，那么即使再过 10 年还是会说一样的话。

现在这一刻，是自己剩余人生中最年轻的时刻。谁也不知道自己接下来还会活多久，但我在听完那位按摩大姐所说的话之后，深刻地认识到，如果今天是我生命中的最后一天，我一定要无怨无悔地度过。

然后在生命之焰即将熄灭的时候，能够坦然地闭上双眼，说出“真是充实的人生，非常感谢”。

为了实现这一目标，我希望自己的人生能够尽可能地打开更多的大门，人生最长可能也不过 120 年的时间，相对于宇宙和历史来说不过一眨眼而已，没有多余的时间去迷茫。为了让自己的人生绽放出璀璨的光芒，请立刻开始行动起来吧！

# 第三章
# 提高记忆力的大脑训练：改变思考方法

## ◎ “我的大脑没问题”，信念的力量

人类的大脑非常诚实，只要你觉得没问题那就没问题，如果你认为自己做不到那你就做不到，大脑会非常忠诚地执行你的命令，大脑对你的心理活动非常敏感。

我在为学员进行记忆力训练的时候，有的学员会说“我的大脑一片空白”。当他说出这句话的时候，他的大脑中真的会变成一片空白，本来应该能记住的内容，也会唰地一下完全忘记。

在进行记忆力训练的时候，“消失了”“忘记了”“记不住”是绝对不能说的话。

或许有人觉得不可思议，但事实上，只要

不说这些话，大家的记忆力训练都进行得非常顺利。

如果你认为困难，事情就会变得困难，如果你认为自己做不到，那么你就做不到。一旦你在心里放弃了思考，那么你就无法产生新的创意。相反，如果你坚信“没问题，我还能想出好办法”“我了解这些信息所以一定能想到新的创意”，那么你的大脑就会开始运转起来。

在别人面前演示瞬间记忆术的时候也一样，哪怕你只有一点“今天状态不太好，可能会记不住”的想法，就一定会记不住。这就是语言的力量，信念的力量。

充分利用这些力量是决定大脑能力的关键。发挥大脑能力的第一步就是坚信“我的大脑没问题”。

不需要任何理由，要无条件地相信“我的大脑没问题”。当然，有时候别人能做到的事情，我们做不到，这种经历可能会导致我们失去自信，让我们无法无条件地相信“自己的大脑没问题”。但我们不可能将别人的大脑与自己的大脑互换。

有时候我也想知道，别人的大脑究竟在想些什么。面前的这些风景在别人眼中是否与我看到的完全一样？遗憾的是，我们无法和别人交换大脑，所以再也没有比与他人进行比较更愚蠢的行为了。

对我们的大脑来说，与他人进行比较究竟有什么好处呢？实际上，一点好处也没有，如果别人做不到的事情自己做到了，确实会产生优越感。但这究竟有什么意义呢？而如果别人做到的事情自己没做到，自己就会陷入失落之中。这只会使我们愈发地在意他人的目光，在生活中迷失自我。与其在意他人的目光，不如将时间用在自我成长上。如果有和他人进行比较并因此而烦恼的时间，不如去做点自己力所能及的事情更有意义。

让我们将关注的焦点放在如何让自己的大脑获得成长上吧，认真地对待自己的大脑，精心地呵护它成长。

当你觉得大脑因为疲惫而陷入停滞的时候，只要睡一觉就可以使大脑恢复活力。根据专家的研究，一个人每天最好能够保证 8—10 小时的睡眠时间。

但睡得太多也会对大脑细胞造成损伤，具体睡多久应该因人而异，不能一概而论。因为我们在睡觉的时候，大脑会自动对一天中收集到的信息进行整理，所以我们要尽量保证充足的睡眠。

大家有没有过这样的经历，在睡觉之前记忆一些内容，第二天早晨醒来时发现，大脑已经将这些内容全部整理好了。这就是所谓的“书读百遍其义自见”。就算看不懂文章的意思，但在反复阅读的过程中也能逐渐地理解其中的意义，这就是因为在我们睡觉的时候，大脑会自动对信息进行处理，通过量的积累，引发质的转变。

不管怎样，只要坚信“我的大脑没问题”并且坚持学习，我们的大脑就会不断进化。

## ◎ 不管多大年纪都能通过锻炼使记忆力变得更好

有科学研究表明，人类过了 20 岁之后，脑细胞就会不断减少。

这确实是事实，但 20 岁以上的读者也不必担心。

位于美国加利福尼亚州拉贺亚市的索克研究所的遗传因子学研究室负责人弗雷德·盖奇提出，“人类与生俱来的神经元并不是全部”“成年人的大脑也可以产生新的脑细胞”。

人类的大脑具有可塑性。这就意味着，我们可以通过外部刺激使大脑产生变化。比如，有的人可能因为意外导致右手无法使用，结果左手就变得越来越灵活；如果眼睛看不见，听觉和触觉就会变得更加灵敏。还有，演奏乐器、键盘打字、骑自行车、转呼啦圈等，一开始可能都做不好，但随着不断地练习，再加上掌握了技巧，就会越来越得心应手。

这些都说明我们通过不断在外部施加刺激，使大脑产生了新的回路。

任何时候大脑都能够产生新的神经元，对于生活在人生 100 年时代的我们来说，这绝对是一个好消息。我在进行 Active Brain 项目培训的时候也亲眼见证过，许多一开始什么都记不住的学员，在经过记忆力训练之后，记忆力变得越来越好。

拥有更多人生经验的成年人一旦掌握了技巧，甚至会比小孩子更加擅长记忆。人们普遍认为，年轻人的记忆力比老年人更好，但实际上并非如此。

因为在记忆力训练中，我们有对语言进行想象的训练。比如听到“紫阳花”这个词的时候，成年人和小孩子，谁的脑海里浮现出紫阳花的形象更快呢？肯定是在许多场所见过紫阳花的成年人吧。

地名也是如此，比如“新加坡”这个词，实际去过新加坡的人肯定会有更具体的印象。人生经历与记忆之间存在相关性，所以上了年纪的人记忆力可能反而比年轻时更好。

虽然现在可以通过互联网搜索到许多实物的图片，但我还是建议大家尽可能地到现场去亲身体验一下，为大脑积累经验的素材。

对身边的事物保持关注，将眼睛看到的景色全都作为素材储存在大脑之中具有非常重要的意义。因为大脑中储存的素材越多，我们记忆的速度就越快。

此外，近期的脑科学研究还发现，随着学习内容的增加，人类的大脑也会不断地进化。

人类的大脑分为左脑和右脑两部分。一般情况下，右脑负责想象、感情和本能，左脑负责逻辑思考、计算、语言和理性。左脑和右脑通过脑梁连接在一起，相互交换信息。年轻的时候，人大多利用右脑进行想象，通过脑梁将信息传达给左脑，然后由左脑组织语言并用嘴说出来，而人到中年之后，大脑结构发生改变，行动和思考方法也会随之改变。

比如年轻的时候体力充沛，单手拎着重物还能单脚跳跃，一点也不会感觉辛苦，但上了年纪之后，体力便大不如前，如果还做这样危险的行为就很容易使身体受伤，于是就只能双手小心地拿着重物，步伐也会更加稳重。

大脑也一样。人到中年之后，当遇到需要解决的问题时，不再只依赖一侧的大脑，而是会将两侧的大脑都利用起来，这就是充分利用大脑功能的潜能开发现象。

随着年龄的增长，我们会越来越全面地看待问题，情绪也会变得更加稳定，因此大脑的潜能才会被激发出来。

以前我们以为，人到中年之后，大脑会逐渐衰退，但实际上，这时大脑正处于最活跃的状态。而对于一直坚持学习的人来说，几乎感觉不到脑力出现衰退。这样的人对身边发生的事情具有更强的感受力，而且总能看到事物中积极的一面。

小时候，听到大人们说“去赏红叶”“去赏花”之类的话，我们并不会感觉有趣。但当我们长大成人之后，一定能够理解其中的乐趣所在。

## ◎ 虽然会忘记但也能想起来

上了年纪之后，经常会出现不记得别人的名字，忘记手机或钥匙放在哪里的情况，也就是人们常说的“遗忘”。

因为年轻时从没出现过这样的情况，所以我们不禁会怀疑“我的大脑是不是出了什么问题”。

但越是在这样的时候，越应该告诉自己“我的大脑没问题，我肯定能想起来”。

接下来就是相信自己的大脑，看看自己需要多少时间能够想起来。有时候可能只需要 30 分钟左右，我们就会一下子想起来，有时候则可能需要 3 天甚至一周才能想起来。随着年龄的增长，我们大脑中存储的信息量也越来越多，搜寻记忆就像在大脑里寻找文件夹。因为文件夹的数量太多，而且乱七八糟地散落在大脑之中，如果不好好整理的话很难找到自己想要的东西。

这就像在乱七八糟的屋子里找东西一样，我们的大脑就像一个堆满垃圾的房间，但房间里的垃圾可以在整理之后扔掉，大脑中的垃圾要怎么处理呢？

如果垃圾太多，真正重要的信息就会被埋没，所以大脑也需要定时清理不需要的信息。这种清理大脑中垃圾的过程，其实就是我们所说的

“遗忘”，“遗忘”是对大脑的“大扫除”。将不要的东西扔掉，只留下有用的东西，从断舍离的角度来说，遗忘其实是很好的现象。

所以根本不必担心，当大脑认为这件事不重要而将其清理掉之后，如果发现这件事很重要的话，还能再度想起。

在我们小的时候，因为大脑中存储的信息量并不多，所以全部记住也没有问题，找想要的东西也能很快找到。但随着年龄的增加，我们学习的知识越来越多，大脑中储存的信息也越来越多，找想要的东西所花费的时间也会越来越多。

那么我们该如何从海量的信息中找出想要的信息呢？

只需要告诉大脑，“这个信息肯定储存在我的大脑之中，请帮我找出来”，然后大脑就会自动地开始寻找这个信息。在找到信息的一瞬间，喜悦的心情会刺激神经元，使回路逐渐联结起来。这就是神经元活性化，使大脑变得更好的瞬间。

除此之外，你是否还有过以下这些经历？

虽然在电车里睡着了，但到自己该下车的时候会突然醒来。

刚要出门的时候想起了忘带的东西。

突然想起已经忘记的约定。

在闹钟响起之前睡醒。

这些都是与“遗忘”刚好相反的现象，因为没有专门的词来解释这种现象，我们姑且将其称为“灵光一闪”吧。

一般来说，人类的大脑更容易记住负面的信息，比如因为“遗忘”导致的不好的后果，会深深地留在我们的记忆之中。但是在日常生活中出现“灵光一闪”的时候，请大家也尽量记住！这样一定会让你感到非常快乐，因为这是在大脑中发现宝物的瞬间。

记忆力冠军池田义博也在其著作《只需要眼睛就能让记忆力变好的训练》中这样说道，“‘灵光一闪’能够打开大脑中记忆的开关。”

这种“灵光一闪”的感觉能够给大脑以正面的刺激，将信息牢牢地刻印在记忆之中。如果在日常生活中经常出现这种情况，大脑就会变得更加活跃。

那么要如何经常让自己出现这种情况呢？答案就是打开“搜索”的天线。

在日常生活中遇到“灵光一闪”的情况时就立刻记下来，可以将这种经历说给别人听，或者写在笔记本上，也可以发表在社交网站上，这样的行为甚至可以改变我们的情感，就算上了年纪，变得健忘也完全不必在意。因为只要出现“灵光一闪”的次数比“遗忘”的次数多，我们都会更加信任自己的大脑。

请通过“灵光一闪”不断地产生新的神经

元，让你的大脑变得更加活跃吧！

## ◎ 为什么记不住别人的名字

请回忆一下幼儿园时期的记忆，还有小学、初中、高中……你能想起所有班主任老师的名字吗？

你能想起初恋对象的名字吗？

能想起第二个喜欢的人的名字吗？第三个喜欢的人的名字呢？第四个呢？

是不是发现想不起来了？

人类的记忆最大的特点就是会记住“自己认为重要的信息”，“不记得别人的名字”也就意味着这个人对你来说不重要。如果你的大脑认为“这个人对自己来说很重要”，那你自然就会记住那个人的名字。同样，如果别人牢牢地记住了你的名字，就说明他认为你很重要。

我遇到的最尴尬的场面就是对方记得我的名字，而我却完全不记得对方叫什么。

遇到这样的情况时，我一般都如此应对。

“您叫什么来着？”

“××。”

“不、不是姓……您的名是什么。”

“××。”

“啊，对对对！××！××，最近还好吗？”[①]

然后就可以像什么事都没发生过一样继续聊天了。但这个名字一定不要再忘了！

如果想记住一个人的名字，就下意识地告诉自己“眼前的这个人非常重要，一定要记住他的

---

① 日本人一般只称呼对方的姓，而随着关系变得亲近，也会只称呼对方的名。

名字”。

然后在和他交流的时候故意多称呼他的名字。比如打招呼的时候不要只说“初次见面”，而是说“××先生，初次见面”；“您住在什么地方”可以换成“××先生，您住在什么地方”；表示感谢也不要只说“非常感谢”，而是说“××先生，非常感谢”。虽然只是在每句话的开头加上对方的名字，但你会发现自己已经牢牢地记住了这个名字。

说句题外话，日本人最喜欢听到的话是“谢谢”，而仅次于“谢谢”，能让对方感到高兴的就是称呼对方的名字。

这是我上幼儿园的时候发生的事情。

我的名字叫由香里（yukari），而和我同班的还有一个女孩也叫“yukari”（发音相同，字的写法不一样）。幼儿园的老师都用名字称呼所有的小朋友，但因为我们班里有两个“yukari”，所以那个女孩被称为“yukari”，而我则被老师称为“中津”（旧姓），真是非常悲伤的回忆。

虽然我当时没有提出反对意见，接受了老师的称呼，但直到今天我还是对这件事耿耿于怀。为什么那个小朋友就可以叫“yukari”，而我非得被叫作“中津”不可呢？由此可见，被别人叫正确名字是一件多么令人高兴的事。

还有一个关于名字的记忆。

那是我初中一年级的时候发生的事情。我在班级名册上的名字不是“由香里”而是“油香里”。现在冷静地想一想，这个名字还挺有趣的，但对青春期的少女来说，这绝对是难以接受的事情。

那本班级名册的样子我到现在还记忆犹新，是一个黑色硬皮双孔装订的名册。所有的授课老师都会根据这个名册来点名，每次点名的时候，虽然老师叫的都是“yukari”，发音完全一样，但我知道老师所说的并不是“由”而是“油”。

每当想到这里，我都会感到坐立不安，然后忍不住走到老师的跟前对他说，“这个不是油，应该是由”，虽然在我多次纠正下老师终于将那个字改了过来，但我心里的厌恶之情却久久没有消散。

是否能够记住一个人的名字，意味着你是否重视对方，关心对方，理解对方。印度诗人泰戈尔曾经说过，“爱是理解的别名”，如果你重视对方，希望理解对方，那么你自然会去关注他的一举一动，能够捕捉到他的细微变化。

过去的人都不会轻易暴露自己的真名，而是使用通称，大概就是认为名字拥有特殊的力量吧。

## ◎ 不断学习，大脑就会不断进化

正如前文所述，大脑是具有可塑性的，正因为具有可塑性，人类才能够通过后天的努力来弥补遗传因子的差距。

如果大脑没有可塑性，每个人的能力就完全由自己与生俱来的遗传因子决定。而事实上我们的大脑能够根据被输入的信息进行改变，所以我们的大脑可以不断地进化，从大脑成长的角度来说，坚持学习非常重要。

人类刚出生的时候，最先发育的是位于头后部的枕叶，枕叶是控制视觉的器官，视觉和色彩认知都是这部分的工作，同时发育的还有颞叶，颞叶位于头部两侧，是控制听觉的器官。随着颞叶的发育，婴儿就会开始记住语言。

紧接着发育的是顶叶，顶叶有一个被称为感觉中枢的部位，负责控制触觉。而运动中枢则负责控制身体的行动，在顶叶发育的时期，要多抚摸婴儿，给婴儿的肌肤施加刺激。

这一时期运动神经也开始发育，家长应该多帮助婴儿做运动，但因为婴儿还没有习惯身体的活动，所以一定要小心看护。

最后发育的是额叶。在额叶中有一个被称为前额叶的部位，负责高级认知功能，包括感情控制、意志控制、交流控制、让人生变得更好的愿望等，这些对人来说都非常重要的功能。这部分是大脑中最后发育的部分，也是最不容易受遗传因子影响的部分。

最先发育的视觉、听觉、触觉等都容易受遗传的影响，而最后需要漫长时间发育的额叶则会受后天刺激的影响，这部分发育良好的孩子不管智商还是情商都很高。

有统计表明，前额叶发育良好的人，意志力更强，更容易取得成功。因为这部分不容易受遗传的影响，所以我们完全可以凭借后天的努力来改变自己的人生。

我们普遍认为年轻的大脑更优秀，但实际上并非如此。美国宾夕法尼亚州立大学的研究团队从 1956 年开始对 6 万人的智力发育情况进行了长达 40 年的跟踪调查，这就是著名的“西雅图纵向研究”。研究表明，参加者在中年时期的平均认知实验结果要好于年轻时。美国南加利福尼亚大学的伊丽莎白·泽林斯基的研究表明，现在75岁的老年人比16年前75岁的老年人的认知水平要高。

上述研究结果都颠覆了人们关于青年时期大脑最为发达的认知，让人们重新审视中年时期的大脑。中年时期的大脑能够将人生的经验转变为智慧，瞬间得出正确答案，而且更容易从身边平凡的小事中发现闪光点。也就是说，人到中年之后，大脑比多愁善感的青春期更能深入地品味事物。

前几天，我和刚从大学毕业回到老家来的儿子聊天，他说从车站回家的路上盛开的紫阳花非常漂亮。那条路上的紫阳花从他上初中时就有，而且每年都会盛开，但儿子小时候从没有注意过这件事，直到现在才发现紫阳花的美丽之处。这不禁让我感慨，曾经的那个小孩子终于长大了。

这也充分地说明，我们的大脑随着年龄的增长，更容易发现生活中的感动。

## ◎ 提高对自己大脑的信心

如果大脑能力的满分是10分，那么你觉得自己的大脑能得几分呢？

这是完全主观的判断，用来测试你对自己大脑的信心，顺带一提，关于这个问题的答案的平均分是3.3分。如果你给自己大脑的分数是3.3分，那么就算你的大脑实际拥有10分的能力，也只能发挥出3.3分的能力，这就是大脑的机制。因为既然主人都说只要3.3分就可以了，那么大脑只要做出3.3分的表现即可。

大脑是个一旦对它放松要求就会偷懒的家伙。但当你需要挑战更高难度的时候，这么低的分数会给你带来许多阻碍，明明必须使出全部的力量，但大脑却停留在3.3分的程度，这就像在没有放下手刹的情况下猛踩油门。

只有在你给大脑打10分之后，大脑才会发挥出10分的能力。要做到这一点其实很简单，你只需要想象一下就行，但似乎很多人都做不到这一点。这是为什么呢？是因为不自信吗？还是因为过于认真？

明明是这样简单的事情，却怎么也做不到，你的大脑有没有像这样被锁住呢？成功人士都有一个共同点，那就是拥有强大的想象力。不管失败多少次，都坚信自己能够做到，然后继续下一次的尝试，不管失败多少次，他们的大脑中都没有失败的概念。

让我们来看一看伟大成功者的言行。

托马斯·爱迪生发明了电灯，据说他在成功之前失败了一万次，但真的有失败一万次仍然能够继续坚持的人吗？其实在爱迪生的大脑里，他并非失败一万次，而是成功了一万次。每一次的失败对他来说，都是“成功地发现了一个不能点亮的例子”，每一次的失败，都是发现了一个不能用的方法，这就是爱迪生的逻辑。

被称为经营之神的松下电器的创始人松下幸之助曾经这样说过，“成功的秘诀就是坚持到成功为止”。成功让日本航空（JAL）起死回生的稻盛和夫也说过这样的话，“在这个世界上没有失败，只要坚持挑战就没有失败，放弃才是失败。”本田技研工业株式会社的创始人本田宗一郎也留下过许多名言，“如果说我现在取得了成功，那都是因为过去的失败所打下的基础。工作就是不断的失败。”拿破仑·波拿巴的名言大家想必都很熟悉吧，“在我的字典里没有‘不可能’这几个字！”

正是这种强大的精神力量推动了历史。

如果你眼前有需要挑战的课题，在开始挑战之前，一定要大声地说“我的大脑是满分 10 分！我能做到！去做吧！”这样你一定能有前所未有的表现。如果觉得一开始就说“能做到”像说大话一样，那可以稍微退一步，对自己说“或许能做到”，这样大脑就更容易接受了，并能够开始行动起来。

一旦大脑开始行动起来，就可以通过不断地调整和尝试，积累成功经验。每当成功完成一个步骤，“我做到了”的经验就会刻印在你的大脑里。不断地积累这样的经验，你的大脑就能在尝试下一次的挑战时，从自信不足的“或许能做到”转变为充满自信的“我能做到”。

## ◎ 让大脑停滞的语言和让大脑运转的语言

当你被逼上绝路，或者面临对自己来说非常困难的课题时，是否会不假思索地立刻说出“做不到”“太难了”之类的话呢？就算没有说出来，你的心里是不是也会这样想呢？

这些都是会导致我们的思考陷入停滞的语

言，是让大脑停止思考最有效的语言，所以在大脑想要停止思考的时候，这些语言会第一时间出现。

这其实是大脑的“自我保护机制”，因为大脑不仅是个爱偷懒的家伙，还是个胆小鬼。大家小时候如果听到家长说“不行”或者“绝对不能……”的时候，心里是不是会很紧张，但要是听到“没关系”“能做到”“很好”“就是这样”呢？

哪些话会让你感到更有干劲？这就是语言的力量，不同的语言可以让自己或他人的大脑停滞，也可以让人充满干劲。

和有的人在一起时，会感觉“很有干劲”，而和有的人在一起则会感觉“能量都被吸走了”。以后再遇到这样的情况，不妨试着观察一下他们的说话方式，这样你就能分辨出对方究竟是会赋予你能量的人还是会夺走你的能量的人。

如果朋友每次和你见面都是满腹牢骚，他抱

怨完之后可能心情舒畅了，但你却变成了他倾倒垃圾的垃圾桶。有的人认为牢骚不能藏在心中，找人倾诉可以释放压力，这其实是错误的。

牢骚这个词在日文中有两个含义。一个是佛教用语，《广辞苑》解释为“分不清对错，不明事理”。另一个意义是“哀叹说出来也无济于事的事情”，人生苦短，如果将有限的时间浪费在哀叹说出来也无济于事的事情上，还有什么比这更愚蠢呢？而且这种负面的语言不管是自己说出来，还是听别人说出来，对大脑都只会产生负面的影响。

因为当你听到负面的信息时，大脑中的A10神经群就会对这些信息产生反应，给这些信息打上“讨厌”的标签。A10神经群是产生“感情”的区域，被打上“讨厌”标签的信息会在大脑自我保护机制的作用下被自动删除。如果真正重要的信息因为被打上了“讨厌”的标签而无法进入到我们的大脑，那么我们可能就会错失很多机会。

为了让大脑能够更加顺畅地处理信息，最好养成不说负面语言的习惯。有时间发牢骚的话，还不如接受事实，把时间用在想办法、解决问题上。这样一来，悲观的情绪就会被你赶走，而乐观的态度则可以通过意志力来进行强化。

不过，爱发牢骚的人往往意识不到自己在发牢骚，所以如果遇到这样的人，请主动远离。并且平时要注意客观地观察自己习惯使用什么样的语言，生而为人，难免有时候想要发发牢骚。

但是，在这种时候请不要忘记，你这种做法是将负面的能量转嫁给了其他人。请对愿意听你发牢骚的人心存感激！如果你感觉自己总是说负面的话，不妨在意识到自己说出负面的话之后，立刻加上“但是呢”来将其转变为积极的语言。

“好累啊……但是呢，今天过得很充实！”

“真讨厌……但是呢，不妨试那么一小下。”

"好难啊……但是呢，这样才有乐趣嘛！"

大脑会保存最后接收到的信息，如果结尾是好的，那么保存后的整个信息就是好的。总之只要最后负面和正面的比例能有 49∶51 就算成功，到时候你眼中所看到的景色一定会完全不同。

## ◎ 记忆并非天赋而是技术

很多人以为记忆力是人类与生俱来的天赋才能，当然，基因有优有劣是无可争议的事实，但优劣之间的差距并没有我们想象中的那么大。虽然世界上确实有天才存在，但除此之外的 99.9% 都是普通人。

从大脑功能的角度来看，因为大脑的发育顺序是从后面开始，然后再到前面，所以决定记忆的额叶在人出生之后过一段时间才会成长。而在这个时候，我们已经可以接收到外部环境的刺激，也就是说额叶受后天环境影响比基因的影响更大。

人类的大脑可以不断地进化，我们要做的，只是想办法将大脑充分地利用起来。即便是同卵双胞胎，在不同的成长和教育环境下，人生也会各不相同。即便是同一个人也会因为每一次选择的不同，而创造出完全不同的人生。

记忆并非天赋而是技术。既然是技术，那只要经过学习和练习，任何人都能掌握，在英语中，记忆术被称为“Art of Memory”，直译过来就是“记忆的艺术”。

曾经 8 次夺得世界记忆力大赛冠军的多米尼克·奥布莱恩小时候的记忆力并不好，甚至还有阅读障碍，学校里的老师都很担心他的未来。他不管做什么都很慢，注意力涣散，无法复述别人说过的内容，他似乎处于一种无法将注意力集中于眼前事物的状态。他每天都会遭到老师们的严厉批评，这导致他完全丧失信心，放学对他来说是最幸福的事。

但自从他利用自己的方法记住一副扑克牌的顺序之后，他的人生就发生了彻底变化。

他将自己经过 25 年的训练所掌握的技术全部公之于众，现在我们只需要“一瞬间”就可以获得他 25 年不断尝试才总结出来的经验。

曾经 6 次夺得日本记忆力大赛冠军的池田义博在 44 岁之前也是一个普通人。他因为一时兴起而开始练习记忆术，参加过 6 次记忆力大赛，与 20 多岁的高才生和门萨会员同台竞技，并取得了 6 次夺冠的惊人成绩。

池田义博说，他为了参加记忆力大赛，自己制作了 1000 个记忆宫殿，并且每天做记录，提前一年时间做准备，然后在第一次参加大赛时就成功夺冠。

通过上述两个事例不难看出，只要掌握了方法，就可以锻炼自己的记忆力。关于这部分的详细内容我将在第四章中为大家介绍，总之要想提高自己的记忆力，事先给记忆准备一个存放的场所，这是至关重要的，这个场所被称为记忆宫殿。

首先，在大脑中建造一所记忆宫殿，然后将你想要记住的东西想象化放在记忆宫殿之中，放置完毕后，让自己进入一种冥想状态，在宫殿中漫步，然后将想象的记忆取出来。

虽然用文字来描述显得有些复杂，但只要实际尝试一下你就会发现这其实非常简单，参加 Active Brain 项目的每一位学员都能做到。虽然是任何人都能做到的事情，但池田的厉害之处在于，他将“任何人都能做到的事情”，做到了“任何人都做不到的程度”，并且坚持了整整一年。

只要将任何人都能做到的事做到任何人都做不到的程度，就一定能够取得成果。类似于这样“任何人都能做到的事”，在我们身边还有很多，但大多是容易被我们忽略的事情。比如每天的打扫卫生、洗衣服、做饭或者公司里的杂务。有人就将这种任何人都能做到的平凡之事，做到了任何人都做不到的程度，这个人就是日本汽车用品销售公司“黄帽子”的创始人键山秀三郎。

身为社长的键山却亲自打扫公司内部的卫生，哪怕是肮脏的便池，他也会亲手擦得干干净净。他将自己的行动称为“凡事彻底”，这个概念一经提出便立刻传遍了整个日本社会。当行动和概念被赋予了有生命力的语言之后，就会立刻引起人们的共鸣。尽管“凡事彻底”这个词还没有被收录进《广辞苑》之中，但值得我们每个人牢牢地记在心底。

## ◎ 享受尝试的乐趣

既然了解了记忆的机制，不妨来亲身尝试一下，通过不断的尝试来掌握记忆的技巧。

一般来说，学习事物的过程可以分为“守”“破”

“离”三个阶段，只要知道自己身处哪个阶段，就可以知道自己现在应该做什么。让我们按照守、破、离的顺序来思考一下如何学习记忆术吧。

在学习新事物的时候，向已经精通该技术的专家学习是最有效率的学习方法。学习首先从模仿的阶段开始，但因为这个方法和一直以来大脑的使用方法不同，所以一开始可能会感觉不习惯、很麻烦，在开始之前就产生了抵触的情绪，甚至半信半疑，认为不会成功，最终固执于自己的方法而迟迟无法取得进步。

人在遇到自己无法理解的事情时，思考都会陷入停滞，因为对大脑来说，无法理解的事物属于异物，为了清除异物，大脑会自动地向自我保护的方向前进，这完全是大脑“自我保护机制”的作用。善于掌握新技术的人和无法掌握新技术的人之间有什么区别呢？答案就在于是否拥有“诚实的个性”。能够诚实地按照别人说的方法去做的人，掌握新技术就比较快，只要认定了要向对方学习，就将对方的做法完全地刻印在自己的大脑里，然后将自己的方法“束之高阁”，按照对方教给自己的方法去做。

这就是“守”的阶段。

虽然将大脑的活动用语言描述出来肯定会出现一些偏差，但也应该尽可能地将对方说的内容在大脑中重现出来，然后自己试着做一下。

顺利的话，接下来就可以通过反复地尝试将对方所说的内容变成自己的东西。在不断尝试的过程中你可能会发现，与对方传授的做法相比自己的方法更合适，或者这样做也许会更好。你可以思考有没有更好的方法或者有没有更适合自己的方法，因为每个人的个性不同，有的人善于处理耳朵收集到的信息，有的人则善于处理眼睛收集到的信息，也有人擅长处理触觉信息，有人擅长处理味觉信息，有人擅长处理嗅觉信息……在不断地尝试中找出最适合自己的方法。

这就是“破”的阶段。

当你尝试新方法的时候可能会因为进展不太顺利而给它贴上不合适的标签。但你之所以感觉不合适，有可能是因为没有进行过系统的练习。如果别人通过练习熟练地掌握了这种方法，那么你也一样能够做到。

类似这种被固定观念束缚的情况其实很常见。比如之前你需要花费 1 小时的时间才能记住的东西，以后就会一直认为需要 1 小时。

以前用洗衣板洗衣服需要花费大量的时间和精力，但现在只要用洗衣机就可以轻松地完成洗衣服的工作。同样，只要掌握了正确的方法，以前花费大量时间精力才能做到的事情，现在也可以轻而易举地完成。如果没做到，那可能是什么地方出了问题，只要找出问题并加以改正即可，通过不断地尝试，你会愈发得心应手。

或许一开始会让你感觉有些麻烦，但只要坚持下去，一定有美好的未来在等待你。到那个时候，你自然会发现其中的乐趣。当你能够带着轻松的心情享受尝试的乐趣时，效率也自然会得到提高。

虽然最后一个步骤是确立自己方法的“离”，但记忆术是从2500年前开始的，经过无数先贤不断地研究而开发出来的方法论，所以直接加以系统地学习或许效率更高。

向已经取得成果的人学习，就像是照着菜谱做菜一样。研究出一道菜谱需要花费漫长的时间和巨大的精力，但只要按照现成的菜谱操作，就能做出几乎一样的菜肴。

人生的捷径就是照着菜谱做菜，心中带着对研究出菜谱之人的敬意，去学习和模仿，然后将节省下来的时间用在更有意义的事情上。

## ◎ 知道和做到的区别

在日常生活中，有一个很常见的陷阱。那就是自以为自己很了解，但实际上自己根本不明白，什么也做不到。也就是所谓的“纸上谈兵”“不懂装懂”的状态。如果不能及时地改变这种状态，成长就会陷入停滞。

我们知道很多东西，但其中有多少是能够做到的呢？大脑中的记忆只不过是“曾经理解的东西”。记忆早晚会被遗忘，而记住的信息也会随之消失。

知道怎么骑自行车，也确实会骑自行车，这种情况下，知道和做到是相等的。但你知道怎么潜水吗？如果我告诉你，“头朝下，屏住呼吸往下面游，身体就不会浮起来”。你可能会觉得“我知道了”，但实际下水之后却发现身体根本沉不下去，这就是虽然知道但却做不到的状态。

“榴梿虽然闻起来臭，但吃起来就让人欲罢不能。”这句话看起来不难理解吧，但要想真正理解其中的含义，还是要实际去闻一闻、尝一尝才行。

原来如此，闻起来真的好臭。但尝一口确实很美味！只有亲自尝试过之后，你才能真正理解

“榴梿虽然闻起来臭，但吃起来就让人欲罢不能”这句话的含义。当然，可能你也会有别的想法。

只了解文字信息和真的实际尝试过是完全不同的概念。如果以为自己懂得很多，就不会虚心地向他人请教。

“现在还需要向别人请教计算机的使用方法吗？”

“现在还需要问别人什么是网页、什么是‘云’吗？”

“不知道应该问谁才好……”

在这样的状态下，只会使自己变得越来越无知，正所谓“求教一时羞，不问永世耻”，这是古人留下的良训。

2500 年前的先贤孔子有很多弟子，其中最为出众的十名弟子被称为“孔门十哲”。“孔门十哲”中有一位叫仲由的人，字子路，比孔子小九岁，为人勇武刚直。

在《论语·为政》中有这样一节：

“子曰，由，诲汝知之乎！知之为知之，不知为不知，是知也。”

翻译成现代文如下：

“由，我来告诉你对待知与不知的态度吧！知道就是知道，不知道就是不知道，这样才是真正的智慧。”

虽然这句话看起来是理所当然的，但实际上，人们明明知道却经常装作不知道，明明不知道却装作知道的样子。有的人刚刚掌握了皮毛就以为自己学会了，浅尝辄止。其实，真正意义上的知道，是能够将事物用自己的语言准确地加以说明，如果无法准确说明，就不能称之为知道。

比如，数学课上，听完老师的讲解之后你觉得自己都听懂了，但一到自己解答问题的时候却发现根本解答不出来。这就是知道与做到的区别。

以为自己都知道了，实际上却没有把握住本质的信息，这对自己来说是非常大的损失。我真的知道了吗？能够准确地说出来吗？知道怎么应用吗？经常反思，就可以明确地划出知道和不知道之间的界线。然后针对自己不知道的部分认真学习，保证自己获得真知。

# 第四章
# 提高记忆力的大脑训练：学习技巧

## ◎ 记忆术的关键是想象与联想

记忆术的技巧非常简单，就是想象和联想。

想象。

联想。

仅此而已。

相信没有人能够将在无意识状态下看到的东西自动地在大脑中记忆下来。擅长记忆的人都是利用某种方法想象事物，然后将其与已知的事物相关联再记忆下来的。

但也有例外，那就是患有“学者综合征”的人，这样的人虽然有认知障碍，但在某些特定的领域却拥有非常优秀的能力。达斯汀·霍夫曼在电影《雨人》中饰演的雷蒙就是这样一个人。其中雷蒙一瞬间说出散落在地面上的牙签数量的情节，相信每个看过这部电影的人都会印象深刻吧。

雷蒙的原型是一个叫金·匹克的美国人。他从小就因巨头、畸形而导致小脑受损，以至于连日常生活都无法自理。但他非常擅长记忆，能够一字不差地背诵 9000 本书。甚至随便说出一个年月日，他就能立刻说出那天是星期几。

患有“学者综合征”[①]的人虽然能够瞬间将看到的东西全都记下来，但这可能是因为这些人的大脑已经受到损坏，一般情况下，正常人是无法将在无意识状态下看到的内容全部记忆下来的。

要想将重要的信息保留在记忆之中，必须下意识地行动。人类的大脑分为左脑和右脑，这两

① 指有认知障碍，但在某一方面却有超乎常人的能力的一种疾病。

部分由脑梁连接，右脑负责想象、感情和本能，左脑负责逻辑、语言和理性。这两部分“性格”截然不同的脑组织通过脑梁进行信息的交换，不同的人，脑梁的大小也不同。有的人脑梁粗一些，左右脑交换信息的速度就快一些。脑梁粗的大脑被称为女性脑，脑梁相对较细的大脑被称为男性脑，女性可能有男性脑，男性也可能有女性脑。善于仔细观察周围的属于女性脑，善于集中观察一点的属于男性脑。

左脑依靠逻辑对文字和文章进行判断，右脑则依靠感觉来进行判断；左脑擅长分析过去的数据，右脑擅长想象未来的情景；右脑用综合的想象来获取信息。据说，右脑的信息存储量是左脑的几倍。那么，要想让事物保存在记忆之中应该怎样做呢？答案是利用右脑的想象来记忆，大脑并不喜欢将语言直接记忆下来。

只要将想记忆的内容转变为想象，就可以在短时间内记住大量的信息。此外，在大脑之中有一个负责控制记忆的部分被称为“海马体”，它因其形状像一只海马而得名，海马体在大脑的左右两侧各有一个，在海马体的旁边是杏仁形的扁桃核，这个扁桃核是控制感情的部位。当我们产生喜怒哀乐的情感时，扁桃核就会有反应。

开心！

快乐！

激动！

感动！

当我们产生出正面的想象时，扁桃核就会震动。

痛苦！

难过！

苦闷！

当我们产生负面的情绪时，扁桃核也会震动。

或许产生负面情绪的时候，扁桃核震动得更加剧烈，因为不好的记忆对大脑的刺激更强，更容易被记住。扁桃核通过震动敲开海马体的大门，然后将信息送进记忆的房间，也就是说，在记忆的过程中，“感情”发挥着重要的作用。如果能够充分地利用大脑的活动原理，就可以帮助我们提高记忆能力。

## ◎ 将单词想象化的记忆力训练方法

正如前文所说，大脑不喜欢直接记忆语言和文字。

“英语老师要求背诵全文，但我无论如何也记不住！”

“尝试记忆英语单词，但很快就忘了。”

“考试结束之后，复习时背的那些东西就全都忘了！”

“别说背诵了，我光是看到那些单词就感觉头疼……”

“我总是梦到复习不顺利，考试不及格，落榜。”

如果总是出现这样的情况，最终肯定会干劲全无，觉得自己“根本记不住”“不擅长记忆”。

因为采用了错误的方法，当然会出现这样的结果。但事实上，只要让大脑掌握了正确的记忆方法，大脑就会将“记忆”与“快乐”联系起来。其实我们的大脑很喜欢记忆和整理，大脑和人类一样，喜欢的事情就会愿意去做，不喜欢的事情就会敬而远之。

只要在大脑中建立起“记忆很快乐”的思考回路，你就会变成一个主动学习的优等生。即便已经离开校园，你也会想要继续深造，或者尝试考取资格证书，甚至认为曾经放弃的梦想仍然有可能实现！你会想去完成自己想做的事，并且认为自己无所不能。

当你发现自己拥有无限的记忆力，并且将这种记忆力应用在生活中之后，你的人生将变得充满乐趣，我认为这是非常高效的自我投资。因为喜悦来自你的心底，所以不管你在哪里，不管你在做什么，都会感觉非常快乐。

为了让大家都能拥有这样的力量，接下来我将按顺序进行说明。

随心所欲地“操纵”记忆的第一步就是，强化自己的想象力。

让我们一起来做想象力练习。所谓想象，就是让大脑中出现画面，不管是平面的还是立体的都 OK。比如当听到“猫”这个词语的时候，大脑中可以有无限的想象，猫的照片、猫的画、猫的摆件、家附近的野猫、自己家的宠物猫、外号叫猫的朋友……关于猫的想象没有固定的答案，只要是浮现在你大脑之中的那个“猫”就是正确答案。

接下来请想象以下 10 个单词。

狗、登山包、山、流星、滑翔机、海、妖精、番茄、彩虹、游乐场。

你能将每一个词都想象出来吗？大脑不喜欢单纯地记忆文字，所以在听到语言的时候请将其转变为想象。只需这样简单的一步就可以提高你的记忆力，只要在大脑中出现画面即可，你在日常生活中也可以进行想象的练习。比如在听别人说话时可以一边想象一边倾听，听相声、听新闻、听音乐的时候都可以进行想象力训练。

最近电视画面上经常搭配字幕，开会或参加讲座的时候，也经常会搭配 PPT 提供视觉信息，因此越来越多的人不擅长将听觉信息作想象处理。

阅读小说的时候也需要想象力。在刚开始阅读的时候要一边想象一边仔细地阅读。当登场人物的形象在大脑中确定下来之后，阅读的速度就会变得更快，学习历史更需要想象力。

大脑非常不喜欢记忆外国人的名字，所以我们总是记不住那些奇怪的文字组合。但如果你能够将这些名字加上想象的信息，就能够将它们轻而易举地记下来。

记忆英语单词时也可以通过想象来加深记忆，现在我们拥有的娱乐手段比过去多得多，就算不用想象，我们的生活也不会受到什么影响，但长此以往，我们的大脑会生锈，变得无法运转。所以，请多利用自己的大脑进行想象力的训练吧。

### ◎ 创造故事、讲述、提取的记忆力训练法

接下来是联想的训练，所谓联想，就是将事物联结起来，一旦事物被赋予了意义，就更容易留在记忆之中。

创造关联的方法有多种，最简单有趣的方法

就是创造一个故事，这就是故事法。我们先试着用前文中提到的那 10 个单词来创造一个故事吧。

这个故事越稀奇古怪越好，因为这样更容易加深记忆。不必有“这样的展开太奇怪了”“这样不合常理”之类的顾虑，请充分发挥自己的想象，自由创作。体裁可以是魔幻的，也可以是写实的，什么类型都可以。

接下来让我们试一试吧。

**关键词**

狗、登山包、山、流星、滑翔机、海、妖精、番茄、彩虹、游乐场。

**故事**

我带着**狗**帕蒂，背着心爱的**登山包**去爬**山**。

夜晚，我在山顶眺望星空，忽然发现了一颗**流星**。

为了抓住它，我从登山包里拿出**滑翔机**，向空中飞去。

追上流星的时候我看见一片**海**。

海面上有**妖精**，她对流星施加了魔法，将流星变成了**番茄**。这个番茄被**彩虹**做的传送带运走了。

番茄被运送到的目的地是**游乐场**。

故事讲完了。

故事的内容让人摸不着头脑也没关系，请试着将自己创作的故事讲述出来，对着手机讲述也可以，如果是好几个人一起创作的故事，记忆会更加深刻。当你能够将自己创作的这个故事讲述出来之后，接下来就是一边在大脑中想象，一边将必要的单词提取出来。

如果你能事先在需要提取的单词上做个标记，那么提取的时候会更容易。

你也可以将故事像放电影一样在大脑中播放，一旦发现想要提取的单词，就按下暂停键，这种方法也不错。

经过反复、多次的训练之后，逐渐地，你的操作就会愈发熟练。为了确认内容的准确性，你可以事先将故事写在笔记本上，或者将自己的声音录下来。

使用这个方法能够在短时间内记忆大量的单词，非常适合要参加考试的学生们。

当记住 10 个单词之后，接下来可以尝试再记忆 10 个单词，比如创作故事的第二集。

**关键词**

游乐场、小零食、智能手机、挂历、日记本、冰激凌、爱迪生、靴子、猪、帽子、口琴。

看起来都是些毫无关联性的词语吧！但它们仍然可以组合成一个故事！

在**游乐场**里有一个卖**小零食**的商铺，于是我拿出**智能手机**给家里打电话询问是否可以买点零食。

妈妈看了看**挂历**，说今天是可以吃零食的日子，所以买吧。

我开心地将今天发生的事情写在**日记本**上，手里拿着**冰激凌**的**爱迪生**走了过来。我问他有什么事，他说想把**靴子**穿在**猪**的脚上，请我帮忙。

我帮他把靴子穿在猪的脚上，接着他又让我帮忙把**帽子**戴在猪的头上，最后他吹了一下**口琴**，那头猪一下子飞到天上去了。

故事讲完了。

这个故事法很简单吧？虽然创作故事可能要花一点时间，但故事创作完成之后就很难忘记，当故事创作完之后立刻讲述出来还可以使自己记忆更加深刻。如果希望牢牢地记住，可以多讲述几遍。

但这个方法也有缺点，那就是无法从故事中

间提取关键词，每次都只能从最开头的部分按照顺序提取。所以这个方法比较适合记忆的对象按照固定顺序出现的词语等。

除此之外，还有许多记忆的方法，只要掌握了更多的方法，就可以根据实际的情况，选择最合适的方法来应对。

## ◎ 连接想象、讲述、提取的记忆力训练法

在进行记忆力训练时最有效的方法就是将想象联系起来。与故事法不同，将想象联系起来类似于只将两个单词联系起来拍成一张照片。

仍然以前文中的 10 个单词为例做一下练习吧。

**关键词**

狗、登山包、山、流星、滑翔机、海、妖精、番茄、彩虹、游乐场。

将这些单词两两联系起来。

1. 狗和登山包
2. 登山包和山
3. 山和流星
4. 流星和滑翔机
5. 滑翔机和海
6. 海和妖精
7. 妖精和番茄
8. 番茄和彩虹
9. 彩虹和游乐场

试着将这些单词联系起来进行想象，然后在大脑里拍成一张照片，比如：

1. 狗背着登山包
2. 把登山包放在山顶上

3. **山**上飞出**流星**
4. **流星**撞上**滑翔机**
5. **滑翔机**掉进**大海**
6. **海**里钻出**妖精**
7. **妖精**坐在**番茄**上
8. **番茄**在**彩虹**上滑下来
9. **彩虹**落在**游乐场**上

当大脑中储存了这 9 张照片之后，接下来就将这 9 张照片像放幻灯片一样在大脑里循环播放，或者将自己的想象大声地说出来，加深记忆。全都记住之后，下一个步骤就是将单词提取出来。

为了便于确认，可以将内容写在笔记本上或者将自己的声音录下来，完成 10 个单词的联想后，可以继续增加数量。

请试着将以下 10 个单词联系起来。

**关键词**

游乐场、小零食、智能手机、挂历、日记本、冰激凌、爱迪生、靴子、猪、帽子、口琴。

1. **游乐场**和**小零食**
2. **小零食**和**智能手机**
3. **智能手机**和**挂历**
4. **挂历**和**日记本**
5. **日记本**和**冰激凌**
6. **冰激凌**和**爱迪生**
7. **爱迪生**和**靴子**
8. **靴子**和**猪**
9. **猪**和**帽子**
10. **帽子**和**口琴**

你想象出10张照片了吗?

想象没有唯一的正确答案，只要是你大脑中想象出来的都可以，只要你能在大脑中将两个单词组合起来，就可以产生无限的联想。能够记住 10 个就能记 20 个，能够记住 20 个就能记 100 个、200 个。请用下面的这些单词继续练习吧。

| 单词示例表 | | | | |
|---|---|---|---|---|
| 狗 | 登山包 | 山 | 流星 | 滑翔机 |
| 海 | 妖精 | 番茄 | 彩虹 | 游乐场 |
| 小零食 | 智能手机 | 挂历 | 日记本 | 冰激凌 |
| 爱迪生 | 靴子 | 猪 | 帽子 | 口琴 |
| 沙司 | 羊羹 | 口袋 | 老虎 | 鸟 |
| 小丑 | 跳绳 | 气球 | 玉米 | 仓库 |
| 口红 | 饼干 | 墨 | 绒毯 | 兔子 |
| 滑板 | 垫板 | 自行车 | 火山 | 甜甜圈 |
| 浴衣 | 奶油泡芙 | 飞镖 | 夕阳 | 蜡烛 |
| 垃圾箱 | 硬币 | 击剑 | 秋千 | 酸奶 |
| 旅行 | 炸猪排 | 积木 | 镊子 | 苹果 |
| 教师 | 插座 | 地球仪 | 铅笔 | 熊 |
| 比基尼 | 按钮 | 菠菜 | 魔芋 | 汤 |
| 黄瓜 | 绿宝石 | 大蒜 | 车站 | 柠檬 |
| 芭蕾鞋 | 火箭 | 冰鞋 | 钉子 | 西葫芦 |

续表

| 单词示例表 | | | | |
|---|---|---|---|---|
| 眼镜 | 夏威夷 | 乒乓球 | 马驹 | 桃 |
| 虹鳟鱼 | 骰子 | 太阳 | 松鼠 | 香菇 |
| 郁金香 | 餐具 | 螳螂 | 湖 | 人鱼 |
| 金龟子 | 报纸 | 蝙蝠 | 西瓜 | 香草 |
| 剪刀 | 船 | 水泵 | 抽屉 | 铃铛 |

如果你想象得很成功，那么就算从后面往前记忆也完全没问题，关键在于两两联系起来，请多加练习直到熟练为止。

只要能够记住 10 个，后面不管再增加多少个都能记住。这不需要解释什么原理，自己实际尝试一下就知道了，如果自己能够做到之前以为不可能的事情，大脑就将彻底摆脱束缚。只要掌握了记忆的方法，任何人都能轻而易举地提高记忆力。

请改掉一直以来给做不到寻找借口的思考习惯，要相信自己并非做不到，而只是没有去尝试罢了。

## ◎ 提高记忆速度的想象力训练法

在将想象联系起来的时候，你的想象越丰富，联想到的内容就越多。因为联想到的内容越多，记忆速度就越快，所以我们平时就要进行让想象变得更丰富的练习。

在想象的世界之中，一切皆有可能，就像回到童年一样，尽情地发挥自己的想象力。

你小时候有没有在想象的世界里玩耍过？比如，跟洋娃娃玩过家家的游戏，或者自己创作一个虚构的故事，然后在里面扮演喜欢的角色。

你有没有想象过自己房间的衣柜里藏着一个秘密通道，通道的后面是一个完全不同的世界。

如果能坐在云朵上会是什么样的感觉呢？

如果身体能够缩小到像蚂蚁那么大，世界会

变成什么样呢？

如果身体变得巨大，世界又会变成什么样呢？

在十字路口等红灯的时候，如果街边的大树忽然对你说话，你会怎么回答呢？会说“总能在这里遇见你”吗？还是会说“今天也要加油”呢？

在公司里泡咖啡的时候，咖啡机的心里都在想些什么呢？会不会因为我每天都要来泡咖啡，觉得我很烦呢？

我直到现在仍然像小时候一样，总是在想象的世界里遨游。

如果认为这样的方法太难，可以试试下面这个方法。

想象你拥有了哆啦A梦的“如果电话亭”。

如果靴子是食物……

如果垫板是棉被……

如果能在海上行走……

如果蜻蜓变得像飞机那么大……

如果大人和孩子交换身份……

如果现在是 200 年之后……

如果恐龙突然出现在大街上……

如果只需要一个气球就能让身体飘起来……

只要像这样坚持想象力训练，我们的大脑就会变得越来越灵活，创意也会一个接一个地冒出来。

乘车的时候可以试着和汽车打招呼。说一些像“快开车了吧，要注意安全哟”这样的话，汽车发动起来肯定会更加有精神吧。当然，如果说出来被旁边的人听到恐怕会吓他一跳，所以最好在自己一个人的时候才这样做。

这样做还有一个好处，那就是能够给身边的所有东西都赋予生命，这样你就会变得更加珍惜周围的一切。

随着年龄的增加，我们的固有观念也会越来

越强，但当我们意识到这一点的时候，大脑实际上已经变得僵化了。如果固有观念太强，就算进行想象力练习也会被限定在固定的模式之中，比如，想象出“食物”的话最终就只会被吃掉，想象出“饮料”的话最终就只会被喝掉，想象出“乐器”的话就只有演奏，想象出“水龙头”的话就只能流出水。因为在我们的大脑中已经形成了“这个就是这样”的习惯，所以就无法发现其他的可能性。

为了使大脑能够重新长出想象的翅膀，我们需要暂时从现实世界中脱离出来，自由地想象道具的使用方法。塑料瓶除了做容器还有什么其他用法？手帕还有什么其他用处？像这样思考道具的其他用法对增加大脑的灵活度也是非常有效的。

在日常生活中，我们随时随地都可以进行想象力训练。

仰望天空能够看到云朵，在木门上能够看到

年轮。只要稍微仔细观察一下，就能从一样东西上看出许多其他的东西，这也是非常有趣的练习。

当我们的大脑变得更加灵活之后，不但能够提升记忆力，还有其他的好处。比如遇到问题的时候，能够找到许多解决办法，如果那个办法不行，就试试这个，如果这个也不行，还有下一个。思考永远没有极限，如果思考范围狭窄，视野也会跟着变得狭窄，视野狭窄的话，在遇到问题的时候就很容易钻进死胡同。这时，你的思维只会在原地转圈，不管你怎么烦恼也想不出解决的办法。

坚持记忆力训练，还可以强化我们的意志力，使我们更容易从原地转圈的思维中解脱出来，充满创意的想象是大脑最好的“营养品”。越是紧张刺激的想象越能够留下深刻的记忆，这是因为大脑认为这种紧急的情况会威胁到我们的生命。由于大脑本身无法区分想象与现实，那么美好的想象和独特的想象有可能会给我们的精神带来积极的影响。

## ◎ 提高大脑活性的专注力训练法

“记忆力就是专注力”，这么说一点也不为过，注意力的集中程度是提高记忆能力的关键。所谓专注力，就是不被其他因素干扰，将注意力集中在“现在”这个瞬间，只注视着一点的能力。

这里所说的注视包含两层含义。一个是，我们真正的眼睛要注视着需要记忆的目标，另一个是，我们心灵的“眼睛”也要集中在这个目标上。

我们所说的“现在”大概只有 2—3 秒的时间。在这么短的时间里只能做一件事，但我们却经常会被周围人的言行影响，或者被忽然映入眼帘的景色所吸引，结果专注力就会被打断。

工作时，手机忽然响起也会打断专注力，骑自行车的时候，一旦停下来，再次启动就需要用力地蹬脚踏板。大脑也一样，大脑的专注力一旦被打断，也要消耗大量的能量才能再次进入集中状态。

在工作的时候如果集中状态总是被打断，就会白白浪费很多能量。人类大脑的能量就像充电电池一样，总量是固定的，专注力强的人并不是拥有容量更大的电池，而是能够保持专注力不被轻易打断，使自己的能量消耗更小而已。

比如苹果的创始人史蒂夫·乔布斯，他的固定穿着就是黑色高领上衣和牛仔裤，这样他就不用将能量浪费在挑选服装上了，因为人类在做决定的时候会消耗许多能量。

从古至今的成功人士都有一个共同点，那就是不会在无所谓的小事上浪费能量，而是将能量用在真正重要的事情上。

为了防止能量浪费，最有效的方法是事先给

自己“制定规则”。事先给自己定好“在这个时候就要这样做”的规则，这样就可以在做决定的时候不浪费能量。如此一来，做决定的时候就不会浪费时间，也不会浪费能量，可以将注意力集中于真正重要的事情上。

如果你在做某件事的时候总是很迷茫，不妨给这件事制定规则。

同时有楼梯和电梯的时候，就选择楼梯。

坐电车的时候就看书。

每次来到书架前都拿起一本书至少翻阅一页。

遇到认识的人时自己就主动打招呼。

一个人的一天要做多次决定，每次做决定的时候都会消耗能量，所以如果能够通过执行制定的规则来避免做决定，就可以节约大量的能量。

被卷入麻烦事之中或者遇到烦恼的时候也会消耗大量的能量，在这种情况下要想进入精力集中的状态非常困难。如果有烦恼和比较在意的事情，可以将这些事情写在笔记本上，把它们赶出大脑。因为已经写在笔记本上了，所以不必害怕忘记，这样可以使大脑更容易进入集中状态。

前文中介绍过的通过联想将两个单词组合在一起的训练方法也可以用来训练专注力。将两个想象组合起来，再分开，然后再将两个想象组合起来，再分开。就这样不断地重复，在重复的过程中，大脑就会养成将注意力集中在当前的想象上的习惯。

最初你可能会被周围的声音和景象干扰，但只要坚持这个训练一段时间之后，你就会发现，自己的注意力能够完全集中在大脑的想象上了。那时，你的大脑会自动屏蔽周围的干扰，进入冥想一般的状态。

在日常生活中，专注力下降会导致我们无法及时地完成工作，总是忙忙碌碌，身心都得不到休息。之所以会出现这种情况，是因为我们在工作的时候没有将注意力全都集中在眼前的工作上，而是一边工作一边还在想其他的事情。

这就好像手机在后台运行着大量的程序，这样会导致电池的电量迅速消耗，手机的反应也会变得很慢，所以要养成及时关闭不用的应用程序的习惯。

感觉忙碌不堪的时候和感觉心里总是有事情放不下的时候，请将工作和担心的事情都写在笔记本上。然后将这些事情按照优先顺序重新排列，一个一个地去完成。只要你将这些事情写出来，心情就能够平静下来，你可能还会发现工作并没有想象中的那么多。

将所有事情都塞在大脑里的话，会导致能量的浪费。这和整理房间是一个道理，如果房间里的东西太多，那么找东西的时候就很麻烦，而且扫除的时候也很不方便。而将房间整理得干净整洁，扔掉没用的东西之后，不但想要的东西一下就能找出来，而且每天打扫也不会消耗太多的能量。

想象、记忆，然后提取的过程可以锻炼大脑的专注力，所以请适当地进行 100—200 个单词联想的练习。

## ◎ 1 个 1 秒，欢迎来到“瞬间记忆”的世界

一开始，可能在想象上就要花费不少的时间，而且自己也可能不知道大脑里是否想象出了画面。这并不是因为你没有天赋，只是你的大脑还没有习惯这种处理方法。只要按照正确的方法坚持训练，最终你甚至只需要 1 秒钟就能想象出画面。

到那时，两个单词进入大脑的瞬间，你就能够看到画面。再也不用为了记住内容而专门准备一个笔记了。

当然，我也不是说完全不需要笔记，在需要仔细思考的时候，将大脑中的信息写在笔记上进

行整理还是非常有效的。但有的时候，我们可能根本连记笔记的时间都没有，所以必须根据实际情况来选择合适的方法。

比如，参加学习会或者演讲会的时候，为了将老师的话记在笔记本上，结果导致老师后面所说的内容根本没有听到，这样的情况很常见吧。

一边听老师说话，一边看屏幕上的PPT，还要一边记笔记。一旦注意力不集中，很快你就不知道老师在讲些什么内容了，大脑也变得一片混沌。

认真的人可能会在结束之后自己看资料进行复习，但如果因为工作繁忙，隔了一周之后才有时间开始复习，那么当时的内容很有可能都忘得差不多了。要想结束之后自己再细细品味和思考的话，最好等学习会或演讲会结束后立刻行动，否则时间拖得越久，记忆效果越差。

大脑一次只能处理一项工作，要想同时处理多项工作，大脑就需要准备一个特殊的空间，将记忆存放在这里，我们可以将这个空间看作一张桌子，请想象一下在咖啡厅里和同事们开会时的场景。

咖啡厅里的桌子并不大，将笔记本电脑放在上面就已经占了大半个桌子，当咖啡被送上来之后，就必须将笔记本电脑撤走才行。如果还有人点了甜品，那么桌面就被食物和饮料占满了，这样一来根本没有办法商量工作。

特殊空间大的人，就像有一张很大的桌子，不但有空间放食物和饮料，还能放笔记本电脑和工作资料，这样就可以游刃有余地商量工作了。扩容特殊空间的方法有两个：一个是将不需要的东西从桌子上拿走；另一个就是增加桌子的面积。其具体的方法一个是运动，另一个就是做短期记忆练习。

有些参加完 Active Brain 项目的人，为了进一步增加记忆的速度，还会参加记忆力专家课程。他们会在两天的时间内展开记忆力比赛，看谁在限定的时间内得到的分数更多，记忆的内容包括人物、姓名、数字、虚构年表、文章、国家、省份、市花、电影名和导演名、扑克牌，等等。

当通过这种高强度的训练给大脑施加压力时，大脑会发生不可思议的变化，之前必须花费大量时间才能记住的内容，经过这样的训练之后，只需要看一眼就能牢牢地记住。

所有的学员在训练之后，记忆力都出现了明显的提高。因为训练专注力也需要强大的精神力，所以这也是很好的精神力训练，在时间紧迫的情况下，哪怕精神出现丝毫的松懈，专注力也会被打断，这会导致一切“毁于一旦”。

虽然这项课程会给人极大的心理压力，但人类的大脑在这种极限的情况下反而能够发挥出不可思议的力量，渴望挑战自我极限，打开新世界大门的人请一定要试试看。

在旁人看来，参加比赛的人都只是在默默地

看着问题，但实际上在参赛者之间展开的是一场没有硝烟的战争，所有人都在努力维持着自己的专注力，这需要做到不骄不躁，呼吸平稳。

有的人为了不被周围的人影响，会专门准备一个草帽来遮挡自己的视线；有的人在比赛开始之前戴上耳机听舒缓的音乐，不和其他人进行任何交流，以此来提高自己的专注力；还有的人通过自己事先决定的动作，来打开自己专注力的开关。不管男女老少，大家都通过各种方式来挑战自己大脑的极限。

这个限定时间的比赛充分证明了 1 个 1 秒的瞬间记忆是完全有可能实现的，像年轮一样不断地缠绕是加深记忆的关键。

记忆力冠军池田义博说自己在开始想象之前，会在大脑中放置一个像雾霭一样的东西，他似乎是通过细微的差别开始进行想象并且转换成语言的。将来如果科技发展到可以虚拟体验大脑的活动，那么体验一下大脑在全力运转状态下的活动一定很有趣吧。

## ◎ 成为“瞬间记忆大师”的技巧：抬高视线

如果拼命努力去做一件事，却仍然不顺利，那最好先停下来。因为这时，恐怕你是眉头紧锁，眼睛注视着下方，大脑在拼命地思考的状态，就算你表面上显得很平静，但内心一定非常焦虑，大脑中充斥着记不住、做不到、太难了等负面的词语。在这种状态下进行记忆没有任何意义，这完全是在折磨自己。

大脑会受到负面情绪的直接影响，心里处于焦躁状态时，就好像暴风雨来临时的湖面，波涛翻滚，一刻也没有停歇。而我们的大脑要想浮现出想象的画面，需要湖面像镜子一样平稳，当我们望向平静的湖面时，湖面上就会映出我们的身影。除此之外，天空上的云朵，周围的树木以及远处的山峰，都会倒映在平静的湖面上。

让脑内出现想象的画面，就像将这些景色倒映在湖面上一样。大脑无法分辨现实发生的事情和想象中的事情，大脑会将想象出来的画面误认为是现实发生的事情，比如，看一张柠檬的图片，想象自己在吃柠檬，嘴里就会不自觉地分泌出唾液，因为大脑无法分辨你是真的在吃柠檬还是在想象吃柠檬。但没吃过柠檬的人就不会分泌出唾液，这是因为在他们的大脑中没有关于柠檬的记忆。

这也说明了亲身体验的重要性，单纯地看和听无法获得拥有临场感的记忆。拥有更丰富的亲身体验的人，记忆力当然也会更好。

有时候我们会遇到不好的事情，每当想起这件事的时候，虽然它早已过去，但我们还是会冒出一身冷汗，产生不愉快的感觉，这也是因为我们的大脑无法明确地区分过去和现在。

你有没有将自己的不愉快说给别人听的习惯？每当这样做的时候，就会再次想起不愉快的经历，这对大脑是一种伤害。为了让大脑更加健康，我们应该尽量多地回忆开心和快乐的事情，大脑不但无法明确地区分过去和现在，还无法区分未来，也无法区分想象和现实，甚至分不出自己和他人。

当我们觉得某个人不好，心里说“那个人真讨厌”，其实就相当于在说“我真讨厌”，因为大脑并不会分辨自己和他人，砍向别人的刀刃，最终又会落到自己的头上。正所谓“仰天而唾，自食其果”，这些都是古人留下来的经验教训。

反之，如果能够发现他人身上的优点并加以表扬“那个人真优秀”，大脑就会认为“我真优秀”。积极地去表扬他人，也能给自己的大脑带来有益的影响，可以说这是一个双赢的方法。

不管怎样，当产生负面情绪的时候，请将手头上的工作停下来，做一个深呼吸，让自己的身体放松下来，靠在椅子上伸个懒腰，然后抬高视线，仰起头，将眼睛望向天空，望向左上、右上或者正上方都无所谓，总之只要抬高视线就好。

走路的时候，将视线从水平方向抬高 5 厘米也能够起到改变心情的作用，映照在你眼中的景色也会发生变化。不管是在工作还是在日常生活中，抬高视线都可以使心情变得更加轻松、畅快。

意志消沉的人总是会无意识地向下看，嘴角也会向下，身体也缩成一团，如果无法改变消极的心情，不妨试着改变一下身体的姿态。因为精神的问题会表现在身体上，身体的问题也会表现在精神上，正所谓健康的精神存在于健康的身体之中，精神与身体是不可分割的关系。

虽然有“病从心中起”的说法，但身体生病了没必要连累心情。精神上的问题如果在精神上解决不了，那就站起来走一走，或者大声地喊几句，通过身体的放松来舒缓和解决。

抬高视线，挺起胸膛，加快脚步，这样简单的几个动作便可以加快身体的血液循环，让大脑运转得更快，身体更加健康。抬高视线还可以使我们的意识更加接近大脑想象的部位，更加容易展开想象。

如果你觉得自己以前的学习方法不够好，那么不妨换另一种方法。比如，你以前总是低头在笔记本上写字，现在换成抬起头在脑内想象吧，或许你的记忆力会变得更好！

### ◎ 成为“瞬间记忆大师”的技巧：“五感”总动员

当感觉自己的想象不够清晰、具体的时候，可以试着改变一下大脑中想象的素材。比如，塑料瓶理论上是塑料制成的，但可以试着想象成布制的或者黏土制成的。虽然实际上塑料瓶很轻，但也可以将其想象成很沉重的材质，或者想象成可大可小能够伸缩的材质。因为普通塑料瓶的形状司空见惯，不容易给我们留下深刻的印象，可以试着想象出奇形怪状的塑料瓶，比如螺旋状等，来加深记忆。

这些与众不同的特点更容易被保留在大脑的记忆里。比如提起雪人，你首先想到的肯定是寒冷的感觉，然后可以想象一下吃起来是什么味道的。可能没有人品尝过雪人的味道吧，但在大脑中想象是完全可以做到的。有的雪人是完全用纯白的雪堆成的，有的雪人则混杂着泥土，混杂了泥土的雪人吃起来味道肯定不太好，光是想一想都觉得很恶心，甚至肚子也会跟着疼起来。

这样的想象很容易被大脑记住，脑袋大、身子小的雪人因为和普通的雪人完全不同，会让人感觉很奇怪，也更容易留在记忆之中。一旦大脑觉得某样东西造型奇特而且会给身体造成伤害，大脑就会在自我保护的本能下打开记忆的开关，将这个东西牢牢地记住。

说起迷迭香，你的大脑中肯定会不由自主地联想到迷迭香那清新的香气。迷迭香、薄荷、薰衣草、柠檬草的香气完全不同，这些不同的香气都会保留在你的记忆里。

在法国作家马赛尔·普鲁斯特的名作《追忆逝水年华》中，有关于每当品尝泡了红茶的珍贝酥糕时就会想起过去的描写。

因此，类似这种只要闻到曾经闻过的味道，就会开启当时记忆的情况被称为“普鲁斯特效应”。

气味能够直接传达到控制原始感情的大脑边缘系，所以，如果将记忆和香味联系起来，就能通过香味直接找到相应的记忆。

与味道比较明显的酒类相比，将不同品牌的矿泉水、咖啡、红茶的味道差别用语言表现出来并记忆在大脑中能够达到更好的训练“五感”的效果。

将自己的“五感”全部动员起来，可以使想象变得更加生动形象。

人生是由记忆组成的，为了让自己能够度过

充实的人生，记忆不可或缺。正因为我们有记忆，每天的人生才有意义，将过去的快乐记忆作为基础，不断地登上新的台阶，记忆不止包括大脑记忆，还有“五感”的全部记忆。

比如：

敲打键盘时指尖感觉到的压力；

看书时翻动书页的触感；

被纸张割到指尖时的痛感；

在外野营时篝火的温暖；

山间小溪流水的冰冷；

炎炎夏日喝冰啤酒时喉咙的畅快；

一口气吃掉一大碗刨冰时就会头疼的经历；

小时候吃过的西瓜的味道，将西瓜籽吐出来时的口感；

躺在草地上看到天空绽放的烟花；

穿着浴衣放烟花时的梦幻景色；

在森林里迷路时的恐惧；

漫天星辰的夏日夜空；

深夜忽然响起的迪斯科音乐；

清新的花香；

雨后的彩虹；

趴在大象背上时的感触和味道；

用指甲划过黑板发出的噪音；

小脚趾撞到桌角时的疼痛；

不小心摔倒时膝盖的伤口。

上面这些内容有几条能够使你感同身受？只要是曾经经历过的事情，是不是都像再次发生过一样？就算是没有经历过的事情，在书本上看过之后也会变成自己的经历，因为大脑无法区分虚构与现实。

眼睛看见的景色，耳朵听见的声音，鼻子闻到的香气，嘴巴尝到的味道，肌肤的触感，这些通过“五感”获取到的信息都会作为记忆被保存在大脑之中。

大脑会将类似的内容自动分类，在我们睡觉的时候整理起来，重要度比较低的内容则会被放在记忆的深处。但这并不意味着完全忘记，只要有某种触发的机关，这段记忆就会马上浮现出来。

在我们的大脑中保存着海量的信息，如果你觉得有些事情总也想不起来，不妨试着将这条信息和“五感”结合起来。

这样做相当于在信息之间架起了一道桥梁，当记忆与“五感”结合起来之后，这件事情就会给你留下更加深刻的印象。

## ◎ 成为“瞬间记忆大师”的技巧：关联与转换

当记忆自己从没见过也没听过的单词时，最好将其与自己已经知道的东西关联起来再进行记忆。

而像 Wi-Fi（无线局域网）这种看不见也摸不着的东西，在记忆时需要将其转变为能够作为其象征的形象，比如手机屏幕上的 Wi-Fi 图标，这样更便于记忆。空气也看不见摸不着，所以想象起来比较困难，在这种时候可以想象一个与空气有关联的事物，比如空气从气球里喷出来的场面，自行车的气门芯，空气清新机，做深呼吸的人，鱼缸里的氧气泵。将空气转换为这些事物，就可以将看不见的空气转换为能够看见的想象。

像“游乐场”这种概念比较宽泛的词语，虽然能看见但想象起来却不明确和具体。在这种时候，可以将游乐场特定为自己比较熟悉的 ×× 游乐场，然后再单独取出其中比较有代表性的娱乐设施，比如，过山车、摩天轮、旋转木马等，用来加强记忆。

地名也分为容易记忆的和不容易记忆的，自己曾经居住过和旅行过的地方，只要将地名与过去的经历关联起来就很容易记忆。但从没去过也没听说过的地名，就需要想办法将其与自己知道的东西关联起来，这样知识才能记得牢固。

我上小学的时候，班主任老师曾经带我们玩过这样一个游戏，游戏的名字叫作“鱼鸟树，我知道”。

老师会问“鱼鸟树，知道吗”，大家回答说“我知道，我知道”。然后老师会说“鱼”“鸟”或者“树”，当老师说“鱼”的时候，我们就必须回答一种鱼的名字，老师说“鸟”的时候，我们就必须回答一种鸟的名字，老师说“树”的时候，我们就必须回答一种树木的名字。

托这个游戏的福，我记住了很多种鱼、鸟和树木的名字。不过轮到自己回答的时候，我们的心情非常紧张，因为如果不能在5秒之内回答上来的话就算输，其他同学会在旁边大声地喊“5、4、3、2、1，时间到”。

如果小时候就能记住很多事物，就可以用这些事物作为素材来进行想象转换，增强自己的记忆力。我认为多玩一些这样的游戏对自己的记忆很有帮助，因为只有将实物和名字结合在一起，我们的大脑才能够认知其存在。

除此之外还有另外一种游戏。首先选出一个字，然后从这个字开始写出所有符合要求的单词，比如，写出有“毛”字的动物，有“汁”字的食物。如果能写出和别人都不一样的单词，就能得到很高的分数，比如全班有40个人，如果40个人都写出同样的单词，那么每个人得1分，但如果只有一个人写出了和别人都不一样的单词，那么这个人就会得到40分，两个人写出不一样的单词就分别得20分。

我得分最高的一次是写出有“独”字的书名，这件事直到现在我仍然记忆犹新。我写的书名是《孤独的流花》，这是大和和纪的漫画名作，可能因为是漫画的关系，所以大家都没听说过，就连老师也没听说过，所以我只能拼命地说服老师“真的有这本书”，让他给我加分，但事后回想起来这种做法也挺让人难为情的。

还有一次让写出有“兰”字的植物，我也得

了高分，因为大家写的都是“兰花”，而我耍了个小聪明，写的是“兰花草”。本来我以为不会有别人也写这个名字，但没想到某同学和我想到一起了，结果我们俩各得到了 20 分。当时我感到非常可惜，所以这件事给我留下了深刻的印象。

这些伴随着强烈感情的记忆哪怕过了几十年仍然让我记忆深刻，现在我还习惯性地让自己进行与众不同的思考，可能就是小学时常玩这种游戏的作用吧。毕竟和别人想法一样就得不到高分，所以我总是会拼命地想别人想不到的东西，由此可见，后天环境也会对人类的性格造成很大的影响。

如果和别人想法一样就能得到高分的话，那我现在肯定会是不一样的性格。

普鲁斯特将即将遗忘某件事的时候忽然因为某种契机想起来的记忆称为“无意识记忆”，而这种无意识记忆或许正是有意识记忆的基础。

# 第五章
# 提高记忆力的大脑训练：实现梦想的行动

## ◎ 提高记忆力的秘诀在于“方法 + 练习”

假如你生活在一个下决心想要学习新东西，但是只要睡一觉，第二天早晨起来就完全掌握的世界里，你会有怎样的感觉呢？会觉得很厉害，还是会觉得很无聊？

乍看起来，这种不需要付出任何努力就能够掌握新知识和新技能的世界好像很有趣，但我觉得这其实很无聊。

在现实世界中因为有时间的存在，所以理想变为现实有一定的时间延迟，坐车从现在的位置前往目的地，不但需要驾驶汽车，还需要消耗在路上的时间。

但要是不知道目的地在哪就直接开始驾驶汽车，那么不管开多久也无法抵达目的地。

正所谓没有人能在散步的时候登上富士山，越是远大的目标，越需要提前制定战略和战术，战略就相当于地图和指南针，地图又分为整体图和局部图。

首先应该确认的是整体图，在整体图中找出自己的目的地，然后确认自己现在的位置，决定要走的路线。

战术相当于具体的方法，比如开车去、骑自行车去还是走路去，要不要带行李，自己一个人去还是和朋友一起去，等等。假设目的地是家附近的咖啡厅，那么就不用带任何行李，走路去即可；但如果目的地是富士山顶，穿着拖鞋出发的话恐怕不行；距离目的地越远，就越需要制订缜密的计划。与贸然出发相比，事先做好周全的准备才是明智的选择。

当制定完战略和战术之后，接下来就是一边尝试一边前进。

如果你的目标是考试合格，那么战术就是记忆方法。比如你想要记忆500个英语单词，通过合适的记忆方法只需要2天就能记住，但如果没有战术，就会陷入与遗忘的苦战中，结果到最后一个单词也没记住。但就算掌握记忆的方法，如果需要记忆的内容太多，那就必须投入相应的时间来保证记忆的效率。

此外，只是了解记忆方法和技巧与熟练掌握之间也存在着巨大的差距，要想真正掌握方法和技巧，勤加练习必不可少，就好像即便知道钓鱼的技巧，但自己不去真正地钓一次鱼的话就无法掌握其中微妙的差异一样。

大脑理解的知识还需要亲身体验来掌握，这需要量的积累。因此，提高记忆力的秘诀就在于“方法 + 练习”。

正确的方法加上足够的练习可以使大脑习惯

这种方法，从而提高自己的熟练度。当达到游刃有余、得心应手的程度之后，应试复习对你来说就会像享受一般。

一旦掌握了这种感觉，大脑就会建立起“应试复习＝愉快”的脑回路，使你进入“热爱学习”的状态。在外人看来，你好像是在刻苦用功，但对自己来说，你是在享受学习的乐趣，结果如何就不用我说了吧。

刚开始做一件事的时候因为大脑还不习惯，所以可能不太顺利，但只要坚持下去、不断尝试，让信息在大脑中积累起来，总有一天，量变会引发质变。虽然在坚持的过程中你看不到任何变化，但实际上每一天你的大脑里都在积累知识，大脑很喜欢整理，所以只要你坚持尝试，不断地积累知识，总有一天你会发现自己掌握了正确的方法和技巧。

假设你现在想熟练地使用键盘打字。

首先要将双手的食指放在 F 和 J 键上。

左手的小指到食指分别放在 ASDF 键上。

右手的无名指到食指分别放在 LKJ 键上。

两个拇指放在空格键上。

从理解这些手指各自负责哪些键位开始进行练习，最初，你的动作会很慢，但经过反复练习之后，你的大脑会建立起相应的回路，即使眼睛不看键盘，手指也能找到相应的键位。

一旦建立起脑回路，接下来的动作都可以在无意识中完成，像这种在无意识下处理的记忆被称为程序性记忆，也就是通过身体进行记忆。如果你能够让自己尽快进入身体记忆的状态，就能不断地掌握新技能。

掌握新技能的秘诀有三个：

第一个是熟悉，首先从慢慢地熟悉开始；

第二个是坚持正确的理论和方法；

第三个是在熟练之后享受的过程。

一旦掌握了这三个秘诀，大脑处理信息的速度会得到极大的提升，在大脑尚未习惯的阶段，千万不要急于求成，正所谓“欲速则不达”，不坚持正确的方法和练习，最后只会导致不好的结果。

## ◎ 为了提高速度必须限定时间

要想提高大脑的处理能力，就必须重视记忆的速度，如果在时间上没有紧迫感，就很难打开大脑记忆的开关。

暑假作业就是最好的例子。心里想着“暑假有 40 天呢”，将暑假作业一拖再拖，结果到最后一星期边哭边补作业，这样的孩子大有人在吧。当你决定“几分钟内完成这项工作”的同时，身体就会立刻行动起来，类似这样的经历相信大家在日常生活中也经常会遇到。

在尝试掌握记忆技巧的时候，如果一上来就

追求速度可能会不太顺利，所以首先要慢慢来，坚持用正确的方法进行想象力训练，先从 10 个、20 个的简单级别开始。等稍微熟练一些之后，再尝试计算时间，将 20 个单词从头开始依次大声地说出来，然后再从后往前说一遍。

计算自己用了多少时间并记录下来，当你重复多次之后，会突然发现自己所用的时间缩短了不少。具体需要重复多少次才能缩短所用的时间因人而异，但所有人只要坚持重复练习，就一定能够缩短所用的时间，关键在于自己要知道自己需要重复几次练习。有的人只需要重复练习 3 次就能提高速度，有的人则需要重复练习 8 次或者更多。

如果这两个人是同事而且从事同样的工作，那么需要练习 8 次才能掌握方法的人可能会觉得自己很笨拙，这种情绪会严重影响工作效率。但实际上这完全是大脑的特性，只能说明自己大脑对这件事还没习惯，所以才需要重复练习 8 次。

只需重复练习 3 次的人可能确实是个聪明人，但也有可能是他以前曾经做过类似的工作，因为在他的大脑里已经积累了相关的信息，所以熟悉起来更快。也有可能这个人表面上只练习了 3 次，但在背地里练习过很多次，总之，不要将自己与他人进行比较。如果自己需要重复练习 8 次才能提高速度，那就重复 8 次来保证自己取得工作成果。

当把握了自己记忆 20 个单词所需的时间之后，接下来可以确认一下自己专注力的极限。记忆力与专注力是成正比的，能够迅速进入集中状态的大脑，记忆力也会保持得更久，专注力也可以通过平时的训练来进行提高。

任何事情都一样，如果一直不做，某天要突然开始做的话，很难一下子就有最佳表现，所以通过日常的练习来保持状态十分重要。

专注力的持续时间也因人而异，当然这可以通过专注力训练来提升，据说人类专注力持续的极限是90分钟，普通人专注力的持续时间大约为15—25分钟，如果能够把握自己专注力的持续时间，对记忆力训练将大有帮助。

首先可以进行15分钟的专注力训练，集中精神15分钟之后休息5分钟，在休息的时间里什么也不要做，让之前15分钟的内容在大脑内自行整理。

世界记忆力冠军池田义博采用的就是这个“15+5”的专注力训练方法，由此可见，这很有效果。

但正如前文中提到的那样，任何事情都因人而异，所以最好能够建立起一套适合自己的专注力管理系统。有的人能够很容易地进入集中状态，如果觉得15分钟太短，可以尝试挑战25分钟专注力训练，如果觉得25分钟也没问题，就可以尝试挑战更长时间的专注力练习。

通过Active Brain项目对大脑进行训练时，大家会感觉时间过得很快，平时难以进入集中状态的学员们纷纷表示，在进入集中状态之后，时间好像一下子就过去了，进入集中状态时，自己周围的时间仿佛都停止了。因为大脑感觉时间的流动停止了，或许这还有延缓衰老的效果呢。

事实上，许多坚持训练的人看上去都比实际年龄显得年轻，或许过不了多久，提高大脑活性也会成为抗衰老的关键词。

意大利的企业家弗朗西斯科·西里洛提出，重复“25+5”的节奏是最有效率的工作方法，他的这种方法被称为“番茄工作法”，被许多大型企业采用。因为最初他用家里的一个番茄形状的厨房计时器来做这个方法的实验，所以他就将这个方法取名为“番茄工作法”。

当我们决定做某件事的时候，要首先给这件事限定一个时间，这样就可以提高工作效率，由于人类的大脑因人而异，所以请先对自己进行观察和记录，找出适合自己的“速度管理系统”。

## ◎ 为了保持干劲需要明确目标

为了什么目的而努力？想要达成什么目标？只有明确目标之后，才能产生干劲，大脑也会开始运转，促使我们朝着目标前进。

大脑只有在产生“想这样做”的想法之后才会打开开关，它最讨厌矛盾的逻辑。大脑有两个法则，一个是自我保护的“自我保护法则”，另一个就是拒绝矛盾逻辑的“统一法则”。如果能够善加利用则事半功倍，否则就只能取得相反的结果。

因为自我保护和维持统一性是大脑的本能，所以我们往往会对与自己不同的意见产生过度反应。

讨厌这个人！讨厌这条信息！当我们产生这种想法的同时，大脑就会立刻开始进行排除行动。但如果我们能够客观地思考一下“为什么会出现这种想法”，就会发现在“统一性”的表面之下，隐藏着“错觉”“偏见”和“价值观”。感觉到愤怒的时候也是自我审视的好机会，因为在这个时候可以帮助我们发现自己的价值观。

但因为大脑在我们自己的脑袋里，所以我们很难站在客观的立场上对自己进行审视，这需要我们在自己的大脑中放置另一个自己，他能针对本能的反应提出“为什么”。

这种能够站在客观的立场上对自己进行审视的能力被称为“超认知”，提高“超认知”的能力有许多好处，比如，更容易控制自己的感情，提高学习能力和解决问题能力，更容易觉察对方的心理，等等。

要想充分利用大脑的特性，关键在于“先下手为强”。比如，相信“我的大脑满分是 10 分”，因为大脑最讨厌矛盾的逻辑，所以不管做什么事都会发挥出 10 分的能力，但如果相信大脑是 10

分，事情却进展得不顺利，大脑就会“意志消沉”。同样，如果相信大脑是10分，却不采取任何行动，也会导致大脑“失去干劲”。

上述情况的长期持续还会使大脑出现混乱，一旦出现这种情况，可以通过自我催眠来重启大脑，比如告诉大脑“之前的一切都是不存在的，是骗人的”。消除矛盾之后大脑会重新变得清醒，并且产生再试一次的干劲。

设定过于远大的目标同样会导致干劲丧失，没有具体数值的目标也会使自己在过程中失去干劲。当感觉自己要失去干劲的时候，就要回到最初的原点，思考目的究竟是什么。如果没有目的，就自己设定一个目的，这样干劲就会自然而然地涌现出来。比如，自己的目标是将20个单词想象并连接起来（What），这样做的目的是提高大脑的活性，愉快地度过每一天（Why）。

当达成一个目标之后，就要给自己设定下一个目标。在重复上述步骤的过程中，你就会发现自己未来可能会变成什么样子，这就是所谓的未来愿景。想要取得什么成果？为了什么目标而工作？想成为什么样的人？请给自己设定一个明确的目标吧。

目标并非一成不变，可以根据实际情况的变化而改变，总之先设定一个目标，只有这样大脑才会运转起来。

当明确目标之后，大脑就会自动开始收集相应的信息。看书的时候，目光会自动停留在必要的信息上；散步的时候，注意力也会自动集中在与达成目标相关的信息上。因为当大脑拥有目标之后，就会自动产生有助于达成目标的机能。有时候虽然设定了目标，但自己却不知道应该怎么做才好，但请不必担心，因为只要拥有了目标，大脑就会为了实现目标而自动开始收集信息。

首先从自己力所能及的事情开始，在朝着目标一点一点前进的过程中，大脑自然会帮助我们收集全所需的信息、场所以及工具。

请相信自己的大脑，勇敢地踏出第一步吧。

然后你就会发现眼前的道路越走越宽，接下来，只要朝着目标大步前进即可。

## ◎ 养成习惯，让大脑进入自动操作的状态

成年人的大脑大约只有 1 千克—1.5 千克重，却需要消耗全身 20%—30% 的能量。如果一个人体重 50 千克，那么大脑的重量大约为 1 千克，只占全体的五十分之一。但大脑却消耗全身三分之一的能量，所以理论上说，只要多多用脑就可以减轻体重，大脑为了尽量减少能量消耗，会重复利用已经连接好的脑回路。

就像每次都去同一家便利店购物，上厕所每次都用同一个隔间，在可以随便坐的餐厅每次都坐同一个座位，这是因为大脑喜欢“相同的状况”，如果我们不去干涉，大脑就不会做出改变。

维持现状永远是大脑的第一选项，睡觉的人

就会继续睡，运动的人就会继续运动，因为凭借意志力来进行改变非常困难，所以我们往往会保持当前的状况，也就是所谓的习惯。

如果现在的状态自动地朝着对自己有利的方向发展那就没什么问题，否则的话就需要下意识地改变习惯，将习惯变成自己的朋友，让“努力学习”和“良好的生活习惯”成为自己的标准模式。

一开始可能需要消耗一些能量，但请试着坚持 3 天的时间，而且不用一开始就彻底改变。比如想要养成早起的习惯，你可以不用闹钟一响就从被窝里跳出来，可以先从伸出一只脚开始，第二天伸出两只脚，第三天再睁开一只眼睛。

像这样一点一点地改变就好，只要下意识地去进行改变，变化就会逐渐出现。哪怕每天都只有一点变化，但只要坚持下去就会产生巨大的改变，这就是坚持的力量。

如果明确了目标，那就试着先坚持 3 天看看，成功坚持 3 天之后，接下来挑战坚持 3 周，如果连 3 周都能成功地坚持下来的话，接下来就可以挑战 3 个月。

如果连续 3 个月每天都能坚持下来的话，就证明你已经养成了习惯，这个习惯将打开你体内自动操作的开关。

习惯分为四个阶段：

第一个阶段是没有任何目标，也无意识的状态；

第二个阶段是决定做某件事，但必须下意识才能做到的状态；

第三个阶段是无须下意识，身体自然就会去做的状态；

第四个阶段是养成习惯，如果不做就会感觉不自在的状态。

当达到第四个阶段“不做就会感觉不自在”的程度之后，就可以把任务全权交给大脑去自动操作了。

当提高了自己的记忆力，打破对记忆的恐惧之后，大脑就会想要尝试进行许多挑战。

有的人会为了取得资格而准备应试复习。

有的人会开始尝试学习外语。

有的人则开始尝试学习乐器。

还有的人开始练习舞蹈和进行体育运动。

甚至还有人尝试进行减肥。

虽然应用的场景各不相同，但共同点都是大脑活动。因为一切的控制都是由大脑来进行的，所以我觉得学校最先应该教的内容就是大脑的使用方法，光想不做，不可能将想法变成现实。

为了实现理想，你有改变现状的勇气吗？

你要做的，只是迈出养成习惯的第一步。一旦跨过了这个障碍，接下来就一帆风顺了。

连最初的障碍都没有战胜就直接放弃的话，是不是太可惜了。

“人生是习惯的纺织品”，这是瑞士哲学家亨利·弗里德里克·阿米尔的名言。如果人生是习惯的纺织品，那你今天要用什么颜色的线呢？

让我们每天都用美丽的习惯之线来编织出华丽的人生吧。

## ◎ 连续记录 100 天的行动

不管是学习、减肥、弹奏乐器、体育运动，甚至相亲，做任何事情的关键都在于“是否能够坚持住”。

大脑很容易产生厌倦的情绪，但厌倦也分两种。一种是浅尝辄止，不管做什么事情都没有接触到真正有趣的部分就厌倦了；另一种则是充分地体会了其中的奥妙，对一切都感到心满意足之后的厌倦。虽然两者都在不断地追求新的变化，但后者的情况更能够使人得到成长，所以是属于积极意义上的厌倦。

与之相比，前者在接触到真正有趣的内容之前就放弃了，既无法使自身得到任何提高，也是对时间和精力的浪费。

现在人们常说的“不忘本心”，最早诞生于演艺领域，演艺技术只有跟随师父学习并坚持不断地训练才能掌握。经过不断地练习终于成功掌握技术的一瞬间所感觉到的喜悦，被称为“本心”，“不忘本心”的意思是要牢牢记住这一瞬间，取得“本心”的人，经过继续的磨炼最终能够成为演艺大师，但又有多少人连“本心”的喜悦都没有体会到就放弃了呢？

让我们先跨过这第一道障碍吧。

如果能够通过连续 100 天的坚持跨过第一道障碍，那么接下来的挑战都不会把你难倒。只要是自己曾经做到过的事情，大脑就不会对其产生恐惧，如果能够将养成习惯的过程可视化，就可以使我们更容易坚持下来。

请先设定 3 个月的目标，然后制作一张表格，因为一次做两件事容易导致专注力分散，所以最好先设定一个目标。

接下来的重点是保证时间。

是早晨起来之后的15分钟，还是晚上睡觉前的15分钟？请确定具体的时间，这对于养成习惯至关重要，否则，用来养成习惯的时间一不留神就会被其他突发事件占用。

每个人每天拥有的时间都是24小时，其中8小时工作，8小时睡觉，剩余的8小时如何度过将决定我们的人生。因为睡觉非常重要，所以我不推荐大家减少睡觉的时间。

虽然现在是人生100年的时代，但真正属于我们自己的自由时间只有1/3，你打算如何利用这33年的自由时间呢？这些时间完全由我们自由选择，虽然有选择的自由，但如果没有掌握足够的能力，恐怕也无法做出选择。所以我们还必须要学习选择的方法，获得选择的力量。用每天10—15分钟的时间来养成习惯，可以使我们的未来发生巨大的改变。

请将这个过程记录下来，不要依靠记忆，而是用真正的纸和笔记录下来。

**目标（What）和目的（Why）**

**习惯性的事**

| 日期 | 预定日 | 预想 | 实行日 | 实际 | 每天的感想 |
|---|---|---|---|---|---|
| 第 1 天 | | | | | |
| 第 2 天 | | | | | |
| 第 3 天 | | | | | |
| 成功坚持 3 天 / 对预想与实际进行对比 / 验证每天的量是否合适，开始 3 周挑战 | | | | | |
| 第 4 天 | | | | | |
| 第 5 天 | | | | | |
| 第 6 天 | | | | | |
| 第 7 天 | | | | | |
| 第 8 天 | | | | | |
| 第 9 天 | | | | | |
| 第 10 天 | | | | | |
| 第 11 天 | | | | | |

续表

| 日期 | 预定日 | 预想 | 实行日 | 实际 | 每天的感想 |
|---|---|---|---|---|---|
| 第 12 天 | | | | | |
| 第 13 天 | | | | | |
| 第 14 天 | | | | | |
| 第 15 天 | | | | | |
| 第 16 天 | | | | | |
| 第 17 天 | | | | | |
| 第 18 天 | | | | | |
| 第 19 天 | | | | | |
| 第 20 天 | | | | | |
| 第 21 天 | | | | | |
| 成功坚持 3 周 / 对预想与实际进行对比 / 调整预想的准确度开始 100 天挑战 | | | | | |
| 第 22 天 | | | | | |
| 第 23 天 | | | | | |
| 第 24 天 | | | | | |
| …… | | | | | |
| 第 97 天 | | | | | |

续表

| 日期 | 预定日 | 预想 | 实行日 | 实际 | 每天的感想 |
|---|---|---|---|---|---|
| 第 98 天 | | | | | |
| 第 99 天 | | | | | |
| 第 100 天 | | | | | |
| 成功坚持 100 天 / 了不起 / 记录自己发生的变化和感想 | | | | | |

**目标（What）：托福 800 分，目的（Why）：出国深造，**
**习惯性的事：每天记忆 50 个英语单词**

| 日期 | 预定日 | 预想 | 实行日 | 实际 | 每天的感想 |
|---|---|---|---|---|---|
| 第 1 天 | × 月 1 日 | 20 分 | × 月 1 日 | 40 分 | 花费 40 分钟记忆从没见过的单词 |
| 第 2 天 | × 月 2 日 | 20 分 | × 月 2 日 | 42 分 | |
| 第 3 天 | × 月 3 日 | 20 分 | × 月 3 日 | 45 分 | 预想和实际的时间不符，需要调整 |
| 成功坚持 3 天 / 对预想与实际进行对比 / 验证每天的量是否合适，开始 3 周挑战 | | | | | |

续表

| 日期 | 预定日 | 预想 | 实行日 | 实际 | 每天的感想 |
|---|---|---|---|---|---|
| 第 4 天 | × 月 4 日 | 40 分 | × 月 4 日 | 40 分 | 和预想一样，就这样继续努力 |
| 第 5 天 | × 月 5 日 | 40 分 | × 月 5 日 | 35 分 | 有些单词以前见过所以没用多少时间 |
| 第 6 天 | × 月 6 日 | 40 分 | × 月 6 日 | 30 分 | 可能是因为习惯了记忆单词，速度变快了 |
| 第 7 天 | × 月 7 日 | 40 分 | × 月 8 日 | 33 分 | 继续保持 |
| 第 8 天 | × 月 8 日 | 40 分 | × 月 9 日 | 25 分 | 之前因为感冒病倒了。今天把之前落下的补回来 |
| 第 9 天 | × 月 9 日 | 40 分 | × 月 9 日 | 25 分 | 集中精神完成了 2 天的任务，以后还有时间的话能提前完成任务 |
| 第 10 天 | × 月 10 日 | 40 分 | × 月 10 日 | 25 分 | 今天状态不错，多记忆一些 |

续表

| 日期 | 预定日 | 预想 | 实行日 | 实际 | 每天的感想 |
|---|---|---|---|---|---|
| 第 11 天 | × 月 11 日 | 40 分 | × 月 10 日 | 25 分 | 多出一天的时间很开心 |
| 第 12 天 | × 月 12 日 | 40 分 | × 月 11 日 | 25 分 | 时间分配游刃有余 |
| 第 13 天 | × 月 13 日 | 40 分 | × 月 12 日 | 25 分 | |
| 第 14 天 | × 月 14 日 | 40 分 | × 月 13 日 | 25 分 | |
| 第 15 天 | × 月 15 日 | 40 分 | × 月 14 日 | 25 分 | |
| 第 16 天 | × 月 16 日 | 40 分 | × 月 15 日 | 25 分 | |
| 第 17 天 | × 月 17 日 | 40 分 | × 月 16 日 | 30 分 | |
| 第 18 天 | × 月 18 日 | 40 分 | × 月 17 日 | 30 分 | |
| 第 19 天 | × 月 19 日 | 40 分 | × 月 18 日 | 30 分 | |

续表

| 日期 | 预定日 | 预想 | 实行日 | 实际 | 每天的感想 |
|---|---|---|---|---|---|
| 第 20 天 | × 月 20 日 | 40 分 | × 月 19 日 | 30 分 | |
| 第 21 天 | × 月 21 日 | 40 分 | × 月 20 日 | 28 分 | 比预计时间更早完成 |
| 成功坚持 3 周 / 对预想与实际进行对比 / 调整预想的准确度开始 100 天挑战 | | | | | |
| 第 22 天 | × 月 22 日 | 30 分 | × 月 22 日 | 30 分 | 30 分钟足够记忆单词了 |
| 第 23 天 | × 月 23 日 | 30 分 | | | |
| 第 24 天 | × 月 24 日 | 30 分 | | | |
| …… | | | | | |
| 第 97 天 | × 月 5 日 | 30 分 | | | |
| 第 98 天 | × 月 6 日 | 30 分 | | | |
| 第 99 天 | × 月 7 日 | 30 分 | | | |

续表

| 日期 | 预定日 | 预想 | 实行日 | 实际 | 每天的感想 |
|---|---|---|---|---|---|
| 第100天 | ×月8日 | 30分 | | | |
| 成功坚持100天/了不起/记录自己发生的变化和感想 | | | | | |

**目标（What）：体重减10斤，目的（Why）：身材变好，更加自信，习惯性的事：每天行走10000步**

| 日期 | 预定日 | 预想 | 实行日 | 实际 | 每天的感想 |
|---|---|---|---|---|---|
| 第1天 | ×月1日 | 10000 | ×月1日 | 5000 | 走10000步太累了 |
| 第2天 | ×月2日 | 10000 | ×月2日 | 3820 | 可能是因为我太缺乏运动 |
| 第3天 | ×月3日 | 10000 | ×月3日 | 7600 | 努力了也只有这种程度吗 |
| 成功坚持3天/对预想与实际进行对比/验证每天的量是否合适，开始3周挑战 | | | | | |
| 第4天 | ×月4日 | 10000 | ×月4日 | 10000 | 以10000步为目标努力 |

续表

| 日期 | 预定日 | 预想 | 实行日 | 实际 | 每天的感想 |
|---|---|---|---|---|---|
| 第 5 天 | × 月 5 日 | 10000 | × 月 5 日 | 8000 | 体重开始减少了，以后每天同一个时间测量体重吧 |
| 第 6 天 | × 月 6 日 | 10000 | × 月 6 日 | 12000 | 虽然很累但心情舒畅 |
| 第 7 天 | × 月 7 日 | 10000 | × 月 7 日 | 10000 | 开始习惯了 |
| 第 8 天 | × 月 8 日 | 10000 | × 月 8 日 | 860 | 一天没出家门，活动量完全不够 |
| 第 9 天 | × 月 9 日 | 10000 | × 月 9 日 | 4600 | 休息一天之后身体果然变沉重了 |
| 第 10 天 | × 月 10 日 | 10000 | × 月 10 日 | 10000 | |
| 第 11 天 | × 月 11 日 | 10000 | × 月 11 日 | 10000 | |

续表

| 日期 | 预定日 | 预想 | 实行日 | 实际 | 每天的感想 |
|---|---|---|---|---|---|
| 第 12 天 | × 月 12 日 | 10000 | × 月 12 日 | 10000 | |
| 第 13 天 | × 月 13 日 | 10000 | × 月 13 日 | 10000 | |
| 第 14 天 | × 月 14 日 | 10000 | × 月 14 日 | 10000 | |
| 第 15 天 | × 月 15 日 | 10000 | × 月 15 日 | 10000 | |
| 第 16 天 | × 月 16 日 | 10000 | × 月 16 日 | 10000 | |
| 第 17 天 | × 月 17 日 | 10000 | × 月 17 日 | 10000 | 每天都坚持下来了，希望能够养成习惯 |
| 第 18 天 | × 月 18 日 | 10000 | | | |
| 第 19 天 | × 月 19 日 | 10000 | | | |
| 第 20 天 | × 月 20 日 | 10000 | | | |

续表

| 日期 | 预定日 | 预想 | 实行日 | 实际 | 每天的感想 |
|---|---|---|---|---|---|
| 第 21 天 | × 月 21 日 | 10000 | | | |
| 成功坚持 3 周 / 对预想与实际进行对比 / 调整预想的准确度开始 100 天挑战 | | | | | |
| 第 22 天 | × 月 22 日 | 10000 | | | |
| 第 23 天 | × 月 23 日 | 10000 | | | |
| 第 24 天 | × 月 24 日 | 10000 | | | |
| …… | | | | | |
| 第 97 天 | × 月 5 日 | 10000 | | | |
| 第 98 天 | × 月 6 日 | 10000 | | | |
| 第 99 天 | × 月 7 日 | 10000 | | | |

续表

| 日期 | 预定日 | 预想 | 实行日 | 实际 | 每天的感想 |
|---|---|---|---|---|---|
| 第100天 | × 月 8 日 | 10000 | | | |
| 成功坚持 100 天 / 了不起 / 记录自己发生的变化和感想 | | | | | |

## ◎ 打开新的大门，想象自己未来的模样

通过正确使用大脑和掌握记忆的方法来消除对记忆的恐惧之后，我们就不会再有“记不住”的困扰。

一直以来因为觉得自己“没能力”“没天赋”“没时间”“没学历”而“做不到”的思维回路将不再适用；取而代之的是“虽然……但是我可以试试”的崭新回路。你想将这种脑力用在什么地方呢？

你会发现在自己的眼前出现了无数可能性的大门，其实这些大门一直都存在，只是你之前看

不见。现在你不再需要进行“能做到”和“做不到”的判断，只需要作出“想做”和“不想做”的选择，然后决定自己将要打开哪一扇大门即可。

从此以后，你就是自己人生的主宰。

这种情况不仅限于记忆，每天不断地完成小目标，积累成功的经验，大脑也同样会成长。对于大脑来说，不断地重复“想做”→“去做”→“成功”的过程，可以使它感觉自己无所不能，从而能够不断地挑战自己脑力的可能性。

通过锻炼记忆能力，可以从根本上改变自己的人生，参加过Active Brain项目的人最常说的感想就是“连我自己都吓了一跳”“我都不知道自己竟然能够记住这么多东西”“没想到我竟然有这么强的脑力”，还有人表示“如果我再早点接触这个就好了”。

与记住了多少内容的事实相比，亲身体验到自己拥有比想象中更加强大的能力，更能使人发生改变。因为这个时候你会觉得，既然自己有这么强大的脑力，如果不充分地利用起来，绝对是一种浪费。

有的人比较单纯，只要你告诉他“你拥有无限的潜力”，他就会对此深信不疑并开始努力，但绝大多数的人恐怕无法这么单纯。

事实上，来参加 Active Brain 项目的人最初心中也充满了不安，不知道自己是否能够做到，但通过两天的训练，他们亲身体会到自己大脑的改变之后，其态度就发生了巨大的转变。

每个人都有不同的个性，长相和能力也各不相同，就算一个人唱歌不好，他也不会觉得自己干什么都不行，因为他可能性格好，或者有其他擅长的事情。但如果一个人因为某种原因觉得自己脑筋不好，结果会怎样呢？

这种想法会限制他的行动。

因为大脑是控制人体的“司令塔”，如果“司令塔”出了问题，那么这个人的整个身体都会变得迟钝，使他不敢去挑战人生任何的可能性，就这样平平淡淡地度过一生。

但当他发现自己能够记住超出想象的内容时，就会发现自己之前认为自己脑筋不好的想法完全是一种错觉，从而摆脱精神上的枷锁。并且切实地感觉到，自己一直以来认为“做不到”的事情其实只是因为不知道方法，而选择了“不去做”。

在我们的面前存在着无数扇可能性的大门，是打开还是不打开，完全取决于自己的选择。只有亲手打开大门并走进其中的人，才能看到门后的世界。有的人虽然打开了大门，却害怕门的后面没有路，或者害怕路走不通而迟迟不敢迈出脚步，这是因为他们惧怕失败。

但事实上，除非自己承认失败，否则失败这个词是根本不存在的。在人生的最后，与做过某些事情而后悔相比，因没去做而后悔的感觉会更加沉重吧。

我无法保证你迈出第一步就一定能够取得成功，但我可以保证你一定能够获得成长。只要学到新的知识，大脑就会变得更加聪明，这样在下一次面临选择时就能作出更加准确的判断。虽然每次做决定都会消耗能量，但每次做决定也会使心灵得到锻炼。每次做决定并向前迈出脚步，都能提高“智慧指数”，使眼前出现更多的大门。

任何一扇门都可以打开，但人生的时间是有限的，在有限的人生中，能够让自己感觉更加喜悦、更有价值、更加充实的未来究竟在何方？

如果你能够自己开创未来，你的未来会是什么模样呢？

# 后 记

只要改变“大脑的使用方法”，我们的人生便能变得一帆风顺。因为你能够自由地控制自己的大脑，也就可以随心所欲地调整自己的人生。

我之所以创作本书，是希望能让更多的人热爱并享受自己的人生，这也是我自己最大的心愿。

在邂逅 Active Brain 之前，我的人生一直很被动，我只是在别人安排好的环境和框架中被动地应对工作和生活。

12 年前，我邂逅了 Active Brain，当时我的师傅对我说：“由香里小姐，从今往后，你就不会再被动地随波逐流了。”这句话改变了我的人生。

“没错，我再也不会被动地随波逐流了”，我的大脑完全相信了这句话，从此以后，我的人生也开始从被动接受转变为主动创造。

人生只需要一点点的契机就可以发生巨大的改变。

此外，我也向PAL出版的泷口先生表示衷心的感谢！